ZHILIANG GONGYI BIAOZHUNHUA SHOUCE

风电工程系列标准化手册

质量工艺标准化手册

本书编委会　编

中国电力出版社
CHINA ELECTRIC POWER PRESS

内 容 提 要

《风电工程系列标准化手册》共分为 4 个分册，分别为《质量工艺标准化手册》《安全文明施工标准化手册》《风电场安全生产标准化手册》《环保水保标准化手册》。本系列手册采用图文并茂的形式，简单清晰地描述了质量、文明施工、职业健康安全、环保水保等技术内容，更好地向风电建设、生产、运行、维护企业人员传递法律法规、标准规范的要求。

《风电工程系列标准化手册 质量工艺标准化手册》共分为建筑工程、电气安装工程、线路工程、 风机安装工程 4 个篇章。其主要包括地基基础、混凝土结构、装饰装修、屋面工程、防雷接地、建筑给排水、通风空调、大体积混凝土、变压器及各组合电器安装、无功补偿装置安装、盘柜、电缆及防火封堵、电力电缆线路、架空线路、风机塔筒安装、风机安装等内容，详细描述了风电工程各个工序的关键质量控制要点、标准要求及主要工艺过程。

本系列手册可作为风电场建设、施工、生产、运行、维护、质量、安全、环保水保管理和技术人员培训教材使用，也可供风电专业师生及从事风电行业的科研、管理、技术人员学习使用。

图书在版编目（CIP）数据

风电工程系列标准化手册. 质量工艺标准化手册 / 北京天润新能投资有限公司组编. —北京：中国电力出版社，2018.10（2021.4重印）

ISBN 978-7-5198-2320-7

Ⅰ．①风…　Ⅱ．①北…　Ⅲ．①风力发电–电力工程–工程施工–质量管理–标准化–手册　Ⅳ．①TM614-65

中国版本图书馆 CIP 数据核字（2018）第 184163 号

出版发行：中国电力出版社
地　　址：北京市东城区北京站西街 19 号（邮政编码 100005）
网　　址：http://www.cepp.sgcc.com.cn
责任编辑：孙　芳　郑晓萌
责任校对：朱丽芳
装帧设计：赵姗姗
责任印制：石　雷

印　　刷：北京瑞禾彩色印刷有限公司
版　　次：2018 年 10 月第一版
印　　次：2021 年 4 月北京第二次印刷
开　　本：710 毫米×1000 毫米　16 开本
印　　张：15.25
字　　数：281 千字
定　　价：160.00 元

编　委　会

序

    风力发电行业在我国经过十余年的快速发展，已进入持续稳健发展阶段，随着限电、限批等政策因素和国内风电发展趋势的影响，风力发电战略布局开始转向华东、南方等山地地区，这些地区多为山地地貌，生态恢复、项目建设难度、安全风险较大，给风电建设过程质量、安全、环境管理带来了更高的挑战。

    随着电力体制改革帷幕的拉开，电力建设质量管理进入"新技术、新工艺、新流程、新装备、新材料、低能耗及低排放"的新常态发展趋势，对风电场质量要求更加严格。为适应经济新常态，中央政府、国务院要求加快实施创新驱动发展战略，深化体制机制改革，明确并逐步提高生产环节质量指标。国务院发布了《质量发展纲要 2011—2020》，中共中央、国务院发布了《关于开展质量提升行动的指导意见》，国家能源局计划且已经发布了多项风力发电建设的新标准、新规范等，为质量提升提出了新的目标和更高要求。《中国制造 2025》提出的五项基本方针中，"质量为先"是其中之一，特别强调了提升质量水平是强国的基本战略要求。对于新能源企业而言，生产优质电力产品是强企的必由之路；是铸就精益、追求卓越的强力保证，是发展百年老店、树立行业品牌的基础；是企业屹立潮头的根基。相对于传统能源，风力发电由于起步晚、发展快的现状，相关质量管理和技术经验相对零散，需要通过标准化的方式进一步梳理沉淀，规范和统一工程建设质量的流程、工序、验收、标准及管控要点，全面促进优质资产的打造和形成。

    近年来，电力工程建设安全事故频发，风电工程建设安全事故也时有发生，经过分析事故原因，有违章指挥、违章作业、盲目赶进度和压缩工期等违反电力工程建设的客观规律的诸多原因。为了加强安全生产工作，防止和减少安全事故发生，保障人民群众生命和财产安全，促进经济社会持续健康发展，全国人民代表大会常务委员会审议通过了关于修改《中华人民共和国安全生产法》的决定，并于 2014 年 12 月 1 日颁布实施。新法规对安全生产管理工作提出了更高的要求，由于风电吊装等属于安全高风险作业，安全管控要求更高，需要风电投资企业有一套完善的安全管控标准化做法，全面规范和强制性约束安全作业行为，坚守生命红线、坚持安全底线，保障人员生命和财产安全，实现本质安全。

    随着"史上最严"环保法的出台，国家及地方政府对生态保护力度空前，按照新的《建设项目环境保护管理条例》（国令〔2017〕682 号）、《关于发布建设项目竣工环境保护验收暂行办法的公告》（国环规环评〔2017〕4 号）、《水利部关于加强事中事后监管规范生产建设项目水土保持设施自主验收的通知》（水保〔2017〕365 号）等法律法规要求，建设项目环境保护、水土保持验收均采用由建设单位自主验收的方式，并及时将验收情况向社会公示，由之前的政府行政验收转变为现在的社会监督，政府监管方式的转变，给风电投资企业带来了前所未有的挑战，企业的环境责任和压力更大，要求项目建设主体在项目建设全过程中必须严格落实环水保"三同时"的各项措施，增强环境风险控制能力，全面履行"绿色发展"理念和要求，推动生态文明建设，实现经济、环境和社会的可持续发展。

标准化是指在经济、技术、科学和管理等社会实践中，对重复性的事物和概念，通过制订、发布和实施标准达到统一，以获得最佳秩序和社会效益的方式，是制度化的最高形式。本系列手册标准化管理是将法律法规、标准规程、管理制度、技术要求结合风电场开发建设运维特点，通过规范管理方式加以整合，形成流程规范化、标准统一化、要求清晰化、内容全面化的制式标准文件，是促进风电建设和运维质量、安全、环境管理成熟度及提质增效的良好工具。在新的发展形势下，对提升风电工程建设质量水平，保障人员生命、设备运行安全，推动绿色发展，规范风电场建设全过程标准化管理起到示范作用，对推动风电行业健康可持续发展具有重要意义。

天润新能安全质量环保团队在实践探索的基础上，将风电工程质量工艺、风电工程安全文明施工、风电工程环保水保施工和风电场安全生产的经验和要求上升为标准化手册，凝聚了团队多年的知识沉淀和经验总结。手册的编写有利于更好地向风电建设和生产运维企业传递法律法规、标准规范的要求。本系列手册采用图文并茂的形式，简单清晰地描述了质量、安全、环保和职业健康要求，特别适合于风电场建设和运维现场使用。中国电力出版社积极推动本系列手册的出版，将进一步促进风电行业全面提升质量安全环保管理水平，更好地履行行业的社会责任。我对本系列手册得以正式出版表示祝贺。

我希望本系列手册的出版能够给各风电投资、施工及相关企业和专业人员在质量、安全、环境管理方面提供指导和参考，为建成更多合规、优质、安全、绿色的风电场和"为人类提供更优质的绿色能源"做出贡献。

2018 年 10 月

前　言

百年大计、质量第一，"建设一座风场、立下一座丰碑"是风电人的情怀，打造优质工程是每个企业和专业人员的梦想。由于建筑工程施工是涉及多方面因素的复杂性系统工程，做好做优是非常不易的。为了全面提升风电工程建设质量，规范风电建设质量管理和工艺流程，建造更多优质资产，我们策划和编写了本手册。

本手册以"为人类提供更优质的绿色能源"为使命；以风电场建设范围和过程为主线，按项目分项工程划分为原则，从风电工程建设全过程的角度，对每个施工作业过程的工序流程和质量管理要求进行详细讲述，对建设工序和质量工艺进行了标准化示范，规范了风电工程建设质量管控过程。

天润新能作为一家风力发电企业，一直致力于提升风电工程建设质量。近 6 年来，我们通过全面推行风电工程质量工艺标准化，开展达标创优工作，获得了两项国家优质工程奖、两项中国安装之星、四项中国电力优质工程奖。

本手册在总结我们达标创优实践的基础上，将"精益求精、追求卓越"的理念和标准化的管理思路进行了良好结合，提出高于现行国家、行业标准的要求和做法，将"优良"等级进行了全面普及化，限值及要求更加严苛和精细。为提升本手册的实用性和可操作性，编者对每一项施工工艺均从适用范围、工艺流程、施工工序及验收、施工图例、标准依据五个方面进行说明，并配备大量施工实际操作图片，便于读者理解和参考，具有标杆引领、可视化指导、使用便捷等特点。

本手册由刘晓斌主编并整体统稿。第一章建筑工程由刘晓斌编写；第二章电气安装工程由张穆勇、黄峰编写；第三章线路工程由程美龙编写；第四章风机安装工程由岳刚编写；李在卿、蔡智、杨立兵、崔凤军参与了策划、评审修改和审定。

衷心希望本手册能够在规范质量管理、降低质量损失、提升工程建设品质方面起到积极的指导作用，促进行业建成更多的优质工程。

本手册参考了部分行业专家的意见及行业先进案例和做法，在此谨致谢意。

由于编者水平有限，书中难免有不当之处，敬请读者批评指正。

编　者
2018 年 10 月

目 录

序
前言

第一章 建筑工程   1

第一章

建筑工程

一、土方开挖工程

（一）适用范围

适用于中控楼、设备基础、风机基础等土方工程。

（二）工艺流程

施工准备→土方开挖→钎探→质量验收。

（三）施工工序及验收

1. 施工准备

（1）结合施工现场地形条件及开挖深度，选用土方开挖机械，并考虑边坡是否支护，施工运土道路和水电等开挖条件已具备，并配有测量人员及器具。

（2）机械开挖一般是深度为 2m 以内的大面积开挖，对长度和宽度较大的大面积土方一次开挖，可采用铲运机铲土；对面积大且深的基坑，可采用液压正、反铲开挖；一般机械土方开挖由翻斗汽车配合运土。

2. 土方开挖

（1）土方开挖前选定开挖坡度。机械开挖时，要配合少量人工清土，将机械挖不到的地方运到机械作业半径内，由机械运走。机械开挖在接近槽底时，用水准仪控制标高，预留厚度为 20～30cm 的土层人工开挖，以防止超挖，如图 1-1 所示。

图 1-1　土方大开挖

（2）开挖到距槽底 20cm 时，测量人员应测出距槽底 20cm 的水平标志线，然后在槽帮上或基坑底部钉上小木桩，清理底部土层时用它们来控制标高。根据控制轴线及基础轮廓检验基槽尺寸，修整边坡和基底。边坡修护应规整、美观。

（3）严格控制开挖尺寸，基坑底部的开挖宽度要考虑工作面的增加宽度，避免大面积的二次开挖。施工时尽力避免基底超挖，个别超挖的地方经设计单位给出方案后进行基础处理。

（4）开挖基坑时，有场地条件的一次留足回填需要的好土，多余土方运到弃土处，避免二次搬运。弃土和预留土应拍方、堆放整齐。

（5）雨期施工时，要加强对边坡的保护。可适当放缓边坡或设置支撑，同时在坑外侧围以土堤或开挖水沟，防止地面水流入基坑内。

（6）土方开挖时，要注意保护标准定位桩、轴线桩、标准高程桩。要防止邻近建筑物的下沉，应预先采取防护措施，并在施工过程中进行沉降和位移观测。

3. 钎探

（1）一般选用机械打钎机（轻型触探器）对主要项目或开挖面积比较大的工程进行钎探。

（2）平面布置图分区放线，用白灰放出分区控制线，孔位要撒上白灰点，将触探杆尖对准孔位，再把穿心锤套在钎杆上，使穿心锤自由下落，锤落距50cm，把钎杆垂直打入土层中。钎杆每打入土层 30cm，在地基钎探记录表中记录一次锤击数。钎探深为 1.8m［参见《建筑地基基础工程施工质量验收规范》（GB 50202）］。

（3）打完钎孔，先经过质检员和工长检查孔深与记录无误后，再经过验槽合格后，方可进行灌砂。灌砂时每填入 30cm 左右，须用钢筋捣实一次。

（4）孔顺序编号，将锤击数填入统一的表格内，字迹应清楚，经过监理单位、施工单位工程技术负责人、质检员、资料员签字后归档。归档钎探记录表必须使用黑色签字笔填写，字迹要工整，不可有改动迹象。

4. 质量验收

（1）基底土性符合设计要求。

（2）开挖坡度符合规范的规定。

（3）基底标高偏差为 0～－50mm。

（4）开挖边线偏差（由设计中心线向两边量）为 0～＋20mm。

（5）表面平整度≤20mm。

（四）施工图例

施工图例如图 1－2 所示。

（五）标准依据

（1）《建筑地基基础工程施工质量验收规范》（GB 50202）。

（2）《电力建设施工质量验收及评定规程　第 1 部分：土建工程》（DL/T 5210.1）。

图1-2　土方堆放

二、土方回填工程

（一）适用范围

适用于中控楼、设备基础、风机基础等土方工程。

（二）工艺流程

施工准备→土方回填→质量验收。

（三）施工工序及验收

1. 施工准备

（1）基坑验槽完毕，并按设计和勘探部门的要求处理完地基，办完隐蔽验收手续。根据设计压实系数，需做土工击石试验，确定干密度。

（2）地基与基础工程已施工完毕，验收合格。土方回填前，应对基槽内杂物清理干净，并保证基坑内无积水。

（3）根据回填面积和结构，选用振动碾或打夯机。

2. 土方回填

（1）填方土料应符合设计要求，保证填方的强度和稳定性，一般不能选用淤泥、淤泥质土、膨胀土、有机质大于8%的土、含水溶性硫酸盐大于5%的土、含水量不符合压实要求的黏性土。填方土应尽量采用同类土。土料含水量一般以手握成团、落地开花为适宜。宜优先采用基槽中挖出的土，但不得含有杂物，粒径不大于15mm，含水量应符合规定。

（2）人工回填回填土每层厚度不大于200mm，机械回填回填土每层厚度不大于300mm，在回填过程中，应采用层层检验制度，做好回填土隐蔽工程检查记录和回填土试验。

（3）可在结构体上，用粉笔标出每层回填土厚度的标记，以便施工作业人员和检查人员一目了然，还可控制回填土厚度的准确性。

3．质量验收

（1）基底处理及清理符合设计及规范要求。

（2）分层压实系数符合设计要求。

（3）分层厚度及含水率符合设计要求。

（4）标高偏差为 0～ − 20mm，平整度偏差为 ±20mm。

（四）施工图例

施工图例如图 1 − 3 所示。

图 1 − 3　基槽回填

（五）标准依据

（1）《建筑地基基础工程施工质量验收规范》（GB 50202）。

（2）《电力建设施工质量验收及评定规程　第 1 部分：土建工程》（DL/T 5210.1）。

三、钢筋混凝土灌注桩工程

（一）适用范围

用于风机基础和综合楼地基处理工程。

（二）工艺流程

施工准备→测量放线→埋设护筒→钻孔→清孔→钢筋笼制作、放置→混凝土浇筑→成桩养护→质量验收。

（三）施工工序及验收

1．施工准备

（1）图纸会审，严格按照要求做好图纸会审工作，避免出现图纸错误或其他原因耽误施工。

（2）每个分项工程必须分级进行施工技术交底，技术交底内容要充实，具有针对性和指导性，施工的全体人员都要参加技术交底并签名，形成书面交底记录。

（3）验收进场材料，检查现场进场的水泥、钢筋、砂石的合格证，按规范要求抽样复验。钻孔灌注桩用材料、掺合料、外加剂按照设计图要求选取，掺入量应根据试验配合比确定。

（4）机械设备进场时，应检查机械设备维修保养记录，确保机械设备各部件完好。

（5）准备好桩基工程的打桩、沉桩记录和隐蔽工程验收记录表格，并安排好记录人员。

2. 测量放线

按照桩位布置图布置并进行测量定位，设置标高控制点和轴线控制网。对每一个桩位进行标识。

3. 埋设护筒

钻机就位前，先平整场地，铺好枕木并用水平尺校正，保证钻机平稳、牢固。在桩位埋设厚度为 6～8mm 的钢板护桶，内径比孔口大 100～200mm，埋深 1～1.5m，同时挖好水源坑、排泥槽、泥浆池等。

4. 钻孔

（1）钻孔灌注桩正式施工前应进行试成孔，以便选择合适的成桩工艺。当需提高灌注桩的单桩承载力时，可采用成桩后桩底、桩侧压浆的施工工艺，其单桩承载力应采用静荷载试验确定。

（2）钻孔灌注桩以泥浆护壁成孔时，钻孔内泥浆面应始终保持高于地下水位以上。泥浆宜选用塑性指数高的黏性土制备，或选用膨润土，必要时添加外加剂以提高泥浆的性能。

5. 清孔

当灌注桩孔深达到要求后，立即进行第一次清孔。在下放钢筋笼及导管安装完毕后，灌注混凝土之前，应进行第二次清孔，对下列项目进行检查：

（1）清孔后的泥浆密度和孔径。

（2）二次清孔沉渣允许厚度。

6. 钢筋笼制作、放置

（1）钻孔灌注桩钢筋笼的制作应符合设计图的要求，主筋净距应大于混凝土粗骨料粒径 3 倍以上；加强箍筋宜设在箍筋外侧，主筋一般不设弯钩；钢筋笼的内径应比导管接头外径大 100mm 以上。

（2）钢筋笼的焊接搭接长度应符合规范要求，焊条根据钢筋材质合理选用。

（3）钢筋笼的安放应吊直扶稳，对准桩孔中心，缓慢放下。

7. 混凝土浇筑

（1）二次清孔结束后应在 30min 内浇筑混凝土，若超过 30min，应复测孔底沉渣厚度。当沉渣厚度超过允许厚度时，则需利用导管清除孔底沉渣至合格后，方可灌注混凝土。

（2）混凝土浇筑应使用导管，导管内径宜为 200～300mm。导管可采用丝扣或法兰盘连接；施工前导管应试拼接和试压，以保证连接后整根导管垂直，使用时不破不漏。

（3）浇筑混凝土前，应在导管内于泥浆面以上吊装隔水塞。

（4）混凝土浇筑应连续进行，因故中断时间不得超过混凝土初凝时间。在同一根桩上只能用一种品牌等级的水泥。

（5）桩顶混凝土实际灌注高度，应保证凿除桩顶浮浆后达到设计标高时的混凝土能符合设计要求。

8. 质量验收

（1）承载力符合设计要求。

（2）混凝土强度符合设计要求。

（3）桩体质量检验应符合《建筑桩基检测技术规范》（JGJ 106）的规定。

（四）施工图例

施工图例如图 1-4 所示。

图 1-4　灌注桩桩头

（五）标准依据

（1）《电力建设施工质量验收及评定规程　第 1 部分：土建工程》（DL/T 5210.1）。

（2）《建筑桩基检测技术规范》（JGJ 106）。

（3）《建筑桩基技术规范》（JGJ 94）。

四、土石方爆破工程

（一）适用范围

适用于地基为岩石或土石山等地质的土石方工程。

（二）工艺流程

施工准备→测量放线→钻孔、验孔→装药→爆破→质量验收。

（三）施工工序及验收

1. 施工准备

（1）技术准备。

1）做好图纸会审工作。

2）施工前，每个分项工程必须分级进行施工技术交底。技术交底内容要充实，具有针对性和指导性。全体施工人员应参加交底并签名，形成书面交底记录。

（2）其他准备。

1）根据情况选定爆破设备。

2）对即将进行爆破作业的孔底进行清理，使其满足钻孔设备施工的需要，确定钻孔的范围、深度。

2. 测量放线

在爆破工程技术人员的指导下，严格按照爆破设计进行放线布孔、钻孔作业，布孔根据地形情况主要采用矩形布孔和梅花形布孔。

3. 钻孔、验孔

（1）钻孔过程中，专人对钻孔的质量及孔网参数按照预先编制的作业指导书的要求进行检查，如发现钻孔质量不合格及孔网参数不符合要求，立即进行返工，直到满足钻孔设计要求。

（2）钻孔时应由一人操作，双手持凿岩机对正位置，使钻杆与钻孔中心在同一条直线上。钻孔时，机具要扶稳扶直，应随时掌握钻孔的方向、角度及深度，使之符合施工要求。钻孔达到要求深度后，应将炮孔内的石粉细渣冲净、吹干，并将孔口封盖，以便装药。

（3）边坡钻爆前应由专业测量人员，进行边线检查，合格后方可进行下一台阶施工。炮孔布置时应尽量避免穿过岩石裂隙，孔底与岩石裂隙保持 20～30cm 的距离。炮孔方向应尽量避免与临空面垂直，防止出现"冲天炮"。

4. 装药

（1）装药前严格检查每个钻孔，一定要认真清除钻孔内的垃圾及积水，严防人为造成瞎炮。

（2）爆破前一定要认真检查爆破线，并按照规定发信号、撤离人员、拉设警戒。发生瞎炮时，一定要有当班人员当场解决。集中放炮时，要有专人清点放炮点数，以核对。

5. 爆破

（1）采用大区多排微差起爆方案，每个炮孔使用 1 枚非电毫秒延期雷管，同排同段或每孔一段，而后将邻近炮孔的数根引出炮孔的导爆管捆成一个集束把，每个集束把上的瞬发电雷管串联起来，从而连成由非电毫秒延期雷管和瞬发电雷管组成的混合起爆网路，使用电容式起爆器作起爆电源。

（2）在堵塞完毕后，应对爆破线进行最后一次检查，并按照爆破安全作业的有关规定，发信号、撤离人员、设置警戒，然后由爆破指挥人员指挥专业爆破作业人员进行放炮。放炮时，必须有专人进行清点点炮记录，并与成功爆破点数目核对，防止瞎炮遗留造成事故。为了保证安全起爆，可以采用复式爆破网络。网路敷设前应对所使用的起爆器材进行检验，网路敷设应按设计要求进行，并严格遵守《爆破安全规程》（GB 6722）中有关起爆方法的规定，经检查确认起爆网路完好，具备安全起爆条件时方准起爆。

（3）爆破指挥人员要在确认周围的安全警戒完成后，方可发出起爆命令。爆破指挥人员严格执行预报、警戒和解除三种统一信号，并由爆破指挥人员统一发出。防护、警戒人员按规定信号执行任务，不得擅离职守。指定专人核对装炮、点炮。起爆后由爆破作业人员检查结束，确认安全后，方可发出解除信号，撤除防护人员。

（4）如发生瞎炮要设立防护标志，由原装炮人员当班处理；如有特殊情况，装炮人员应在现场将装药情况、炮眼方向、装药数量交代给处理人员，在对瞎炮孔内的爆破线路、导爆管等检查完好，并检查瞎炮的抵抗线情况，重新布置警戒后，才能重新起爆。

6. 质量验收

（1）顶面标高偏差。

1）基坑、基槽、管沟为 0～－200mm。

2）场地平整为＋100～－300mm。

（2）几何尺寸偏差。

1）基坑、基槽、管沟为＋200～0mm。

2）场地平整为＋400～－100mm。

（四）标准依据

（1）《电力建设施工质量验收及评定规程　第 1 部分：土建工程》（DL/T 5210.1）。

（2）《爆破安全规程》（GB 6722）。

五、构筑物基础工程

（一）适用范围

适用于现场拌制混凝土的风机基础、构支架、主变压器、独立避雷针等风电场构筑物基础施工。

（二）工艺流程

施工准备→测量放线→基槽土方开挖→垫层混凝土施工→基础钢筋制作、安装→基础模板安装→螺栓预埋和基础环安装→混凝土搅拌→混凝土浇筑→杯芯模板、侧板拆除→混凝土养护→质量验收。

（三）施工工序及验收

1. 施工准备

（1）材料准备。

1）水泥。水泥进场时应有出厂合格证及 3d 和 28d 强度试验报告，对水泥品种、级别、包装、出厂日期等进行检查，并应对其强度、安定性等性能指标按规定取样复检。水泥尽量使用同一品牌的材料，进场后应有良好的堆放场地及防雨、防潮措施。风机基础宜采用水化热低的水泥，如矿渣硅酸盐水泥和火山灰水泥等。

2）钢筋。钢筋进场时应有产品质量证明书，对其进行外观检查，并按有关标准规定取、送样，进行力学性能检验，其质量必须符合现行国家标准的规定。

3）砂。采用中砂，进场后按相关标准要求检验，有害物质含量小于 1%，砂含泥量及泥块含量应符合下列要求：

a. 混凝土等级＜C30，含泥量≤5.0%；泥块含量≤2.0%；

b. 混凝土等级≥C30，含泥量≤3.0%；泥块含量≤1.0%。

4）石子。石子尽量选用同一产地产品，级配良好，进场后应检验。石子含泥量及泥块含量应符合下列要求：

a. 混凝土强度＜C30，含泥量≤2.0%，泥块含量≤0.7%；

b. 混凝土强度≥C30，含泥量≤1.0%，泥块含量≤0.5%。

5）施工用水。采用饮用水，如使用河水、湖水、井水等，应经检测合格后方可使用。

6）模板。应选用表面平整、有一定强度、刚度的材料。

（2）作业准备。混凝土搅拌前应对拌制设备进行检查、维修、保养。混凝土搅拌机及其他机械设备进场、就位，并搭设混凝土搅拌棚；夜间施工配备足够的照明设备（若采用商品混凝土，搅拌棚不用准备）。混凝土搅拌前，应测定砂、石含水率，并根据测试结果调整材料用量，提出施工配合比。

（3）技术准备。

1）做好图纸会审工作。

2）施工前，每个分项工程必须分级进行施工技术交底。技术交底内容要充实，具有针对性和指导性。全体施工人员应参加技术交底并签名，形成书面交底记录。

2. 测量放线

构筑物基础定位放线应根据建筑测量方格网为准，应设立轴线控制桩、标高控制桩。定位放线后，应进行复核，并经业主或监理核实。

3. 基槽土方开挖

根据图纸及地质勘察报告要求，查勘现场土质，确定开挖方案。开挖中应对基底标高、基坑轴线、边坡坡度等进行复测，并及时排除积水，确保不超挖。基底土质开挖时不受扰动，基础土方开挖完成后，应组织相关人员（勘察单位、设计单位、施工单位、监理单位）进行验槽，并做好记录。

4. 垫层混凝土施工

将基础控制线引至基坑内，设置好控制桩，并核实其准确性。按照基坑轴线位置，安装混凝土垫层模板，浇灌混凝土垫层。混凝土垫层浇捣应密实、平整，厚度应符合设计要求。混凝土垫层浇筑完毕后，应进行浇水养护，混凝土强度达到 $1.2N/mm^2$ 前，不得在其上踩踏或安装模板支架。设备支架基础垫层如图1-5所示。

图1-5　设备支架基础垫层

5. 基础钢筋制作、安装

根据图纸等设计文件进行钢筋翻样，确定钢筋规格、型号、尺寸、形状，在制作棚内统一加工成型，运至现场。利用控制桩定出施工控制线、基础边线，复查垫层标高及中心线位置，无误后，绑扎基础钢筋，如图1-6所示。钢筋安装、绑扎完成并经验收合格后，应办理钢筋隐蔽工程验收记录。

图 1-6 绑扎好后的基础钢筋

6. 基础模板安装和拆除

风机基础、构支架基础模板及其支架应根据结构形式、荷载大小、地基土类别、施工设备和材料供应等条件进行设计，符合强度、刚度、稳定性等要求。风机基础模板安装，如图 1-7 所示。构支架基础自下往上安装各层外侧模板及支架，并进行固定。模板表面须涂刷隔离剂。杯芯模板采用木模板拼装或采用定型钢模板。构支架基础芯的定型钢模板，如图 1-8 所示，杯芯模板底部穿 ϕ20mm 孔、间距 300mm，便于排除浇筑混凝土时产生的气体。构支架基础模板安装完成后应进行检查、矫正，并整体加固。构支架基础的模板构支架基础芯的定型钢模板安装，如图 1-9 所示。永久性外露基础部分，边角全部采用倒角施工工艺，倒角木线安装采用排钉枪钉牢在模板边角上，如图 1-10 所示。

图 1-7 风机基础模板安装

图 1-8　杯芯模板

图 1-9　构支架模板安装

图 1-10　模板内加倒角木线

　　基础模板拆除应保证混凝土边角、棱角不被损坏。构支架基础杯芯模板应视气温情况及时拆除，避免破坏杯口混凝土棱角。

　　7. 预埋螺栓和基础环安装

　　（1）工程开工前，先将地脚螺栓的固定板加工完成，将螺栓固定在锚固板上，调节螺栓外露的高度，螺栓穿入后，使螺栓自然下垂，用钢筋将地脚螺栓的锚固板间焊接牢固，每组地脚螺栓固定完成后，用木方子作为定位板的支撑，用废钢筋头将定位板与基础顶面的紧固架管进行焊接固定。同时，螺栓组与垫层上的预埋钢筋头固定连接，螺栓水平尺寸误差控制在 1.5mm 以内，如图 1-11 所示。

　　（2）安装前，在垫层上放出基础环安装位置线及中心控制点，通过微调调平支座的下部螺母，控制基础环的顶标高误差在 1mm 以内；通过调节下部螺母，控制定位模板的上表面标高误差在 1mm 之内，并控制地锚环和定位模板到圆心距离的偏差在 1mm 以内，如图 1-12 所示。

图 1-11 预埋螺栓安装

图 1-12 基础环调平、焊接固定

8. 混凝土搅拌

混凝土搅拌机使用前应加水湿润，按石子、砂、水泥、水的顺序投放材料。原材料现场计量应有专人检查，必须按质量进行计量，允许偏差不得超过规定值：水泥±2%，粗细骨料±3%，水、外加剂溶液±2%。混凝土搅拌时间一般不少于90s，原材料使用前应进行配合比设计并测定材料的含水量，根据测试结果确定材料用量及用水量。

9. 混凝土浇筑

（1）混凝土的水平运输宜采用混凝土罐车，量少时可采用手推车或翻斗车运输，运输前应搭设好运输通道，运输通道可采用钢管排架、竹笆或木板搭设。

（2）构支架基础浇筑混凝土时，为防止杯芯模板向上浮或向四周偏移，需注意控制混凝土坍落度及下料速度，当混凝土浇筑到高于第一层外模板 50mm 左右时，稍作停顿，接着在杯芯四周对称均匀下料振捣，第二层混凝土浇筑应在底层混凝土终凝前完成，终凝一天后进行杯芯凿土。构支架杯芯如图 1-13 所示。

图1-13　构支架杯芯示例

（3）混凝土振捣采用插入式振捣器施工，插入间距不大于400mm，上层振动棒应插入下层 30～50mm，混凝土浇筑时应注意模板、支架、预留孔洞和埋管有无走动，一经发现有变形、位移，应及时整改。

（4）风机基础为大体积混凝土浇筑，注意混凝土下料温度；可选用循环水降温措施，防止因混凝土内外温差过大造成基础表面龟裂。

10. 混凝土养护

混凝土应在浇筑完毕后的12h 内加以覆盖进行保温养护，浇水养护时间不少于7d，并设专人检查落实。风机基础的养护如图1-14所示。

图1-14　风机基础的养护

11. 质量验收

（1）模板及其支架应具有足够的承载能力、刚度和稳定性，能可靠地承受浇筑混凝土的重力、侧压力及施工荷载。

（2）模板轴线位置允许偏差为±5mm。

（3）模板标高位置允许偏差为0～-10mm。

（4）模板截面尺寸位置允许偏差为±5mm。

（5）混凝土表面平整度允许偏差为3mm。

（6）预留洞口中心线允许偏差为10mm。

（7）预埋螺栓中心线允许偏差为1.5mm。

（四）施工图例

施工现场图如图1-15～图1-18所示。

图1-15 架构基础模板

图1-16 设备基础混凝土

图1-17 风机基础混凝土

图1-18 架构基础成品保护

（五）标准依据

（1）《电力建设施工质量验收及评定规程　第 1 部分：土建工程》（DL/T 5210.1）。

（2）《混凝土结构工程施工质量验收规范》（GB 50204）。

六、钢筋混凝土框架结构工程

（一）适用范围

适用于主控楼及其附属设施的钢筋混凝土框架结构。

（二）工艺流程

施工准备→定位放线→钢筋工程→模板工程→混凝土工程→混凝土养护质量验收。

（三）施工工序及验收

1. 施工准备

（1）材料准备。

1）水泥。水泥进场时应有出厂合格证，对水泥品种、级别、包装、出厂日期等进行检查，并应对其强度、安定性及其他必要的性能指标进行复检，其质量必须符合现行国家标准的规定。水泥尽量使用同一品牌、同一批号的材料，进场后应有良好的堆放场地及防雨、防潮措施。

2）钢筋。钢筋进场时应有产品质量证明书，对其进行外观检查，并按有关标准规定取、送样，进行力学性能检验，其质量必须符合现行国家标准的规定。

3）砂。采用中砂，进场后按相关标准要求检验，有害物质含量小于 1%，砂含泥量及泥块含量应符合下列要求：

a. 混凝土等级＜C30，含泥量≤5.0%，泥块含量≤2.0%；

b. 混凝土等级≥C30，含泥量≤3.0%，泥块含量≤1.0%。

4）石子，石子尽量选用同一产地产品，粒径为 5～31.5mm，级配良好，进场后应检验。石子含泥量及泥块含量应符合下列要求：

a. 混凝土强度＜C30，含泥量≤2.0%，泥块含量≤0.7%；

b. 混凝土强度≥C30，含泥量≤1.0%，泥块含量≤0.5%。

5）施工用水。宜采用自来水，如使用河水、湖水、井水等，应经检测合格后方可使用。

6）模板。应选用表面平整、有一定强度、刚度的材料。

（2）作业准备。混凝土搅拌前应对拌制设备进行检查、维修、保养。混凝土搅拌机及其他机械设备进场、就位，并搭设混凝土搅拌棚（若用商品混凝土不用搭设）；夜间施工配备足够的照明设备。混凝土拌制前，应测定砂、石含水率并根据测试结果调整材料用量，提出施工配合比。

（3）技术准备。

1）做好图纸会审工作。

2）施工前，每个分项工程必须分级进行施工技术交底。技术交底内容要充实，具有针对性和指导性。全体施工人员应参加技术交底并签名，形成书面交底记录。

2. 定位放线

框架结构定位放线按基础表面轴线为准，定位放线结束后，应进行复核，并经业主或监理核实，填写轴线复核记录。复测工作由专业人员负责，并做到专人操作、专用仪器、专人保管；做好主控轴线标桩及标高控制线的设置和标识。

3. 钢筋工程

（1）钢筋制作。必须使用经试验合格的钢筋，钢筋规格代换必须遵循等量代换的原则，并经设计单位同意。钢筋制作包括钢筋弯钩和弯折、箍筋末端弯钩、钢筋调直。

（2）钢筋焊接和机械连接。钢筋焊接应由持有效证书的合格焊工操作。焊接前，应进行可焊性试验，试验合格后方可成批焊接，并且按规定抽样送检。焊接时，应计算接头设置错开距离，搭接长度和接头面积百分率应符合规范的规定。进行机械连接操作的工人，应持有效操作证书，施工后按规定取样复检试验。

（3）钢筋绑扎。钢筋绑扎严格按规范要求施工；绑扎应牢固，严禁缺扣、松扣；严禁漏扎，绑扎接头的搭接长度、接头方式及接头位置应符合设计和规程的要求。为保证梁、柱节点处箍筋安放的质量，可按下列方法施工：当梁骨架钢筋在楼盖上绑扎时，将预先焊好的成品"套箍"放入，按规范间距焊接，防止梁钢筋沉入时骨架倾斜；对 135°/135°的箍筋施工，因其安放难度较大，制作时先做成 135°/90°的箍筋，待其绑扎好后再用小扳手将 90°弯钩扳成 135°；所有板负弯矩筋采用钢筋支凳搁置，间距为 600～900mm，浇筑混凝土时应不断检查板负弯矩筋高度，严禁破坏钢筋支凳，确保钢筋位置正确。

（4）钢筋保护层。预先制作与混凝土同强度等级的砂浆垫块，中间预埋扎丝，以便梁支设梁侧边保护层时使用。推荐采用塑料垫块，塑料垫块应具有一定的强度。

（5）钢筋工艺。钢筋间距及箍筋加密区符合设计要求，绑扎工艺美观，柱钢筋绑扎如图 1-19 所示，楼底板钢筋如图 1-20 所示。

4. 模板工程

（1）模板及其支架应根据结构形式、荷载大小、地基土类别、施工设备和材料供应等条件进行设计，符合有关强度、刚度、稳定性要求。模板制作前应认真做好翻样工作，特别是梁、柱交接点部位的翻样。

图1-19 柱钢筋绑扎

图1-20 楼底板钢筋

（2）支撑系统采用钢管排架，应按模板在施工阶段的变形量控制要求及有关规定设置，做到既要保证其强度、刚度和稳定性，又要考虑构造简单、安装及拆除方便，支撑系统及模板系统应经过计算。

（3）柱模板安装前必须先在基础框架柱周边弹出柱边控制线，并在其根部设钢筋限位，以确保柱根部位置的准确。安装前，检查柱筋或预埋件是否按设计要求留置。

（4）安装梁底模板时应先复核钢管排架、底模横楞的标高是否正确。当梁跨度大于4mm时应按规范规定的要求起拱。梁、柱模板平面接槎时，柱模板应支设到梁模板底，梁模板头竖向同柱模板接平。柱模板加固如图1-21所示，梁模板如图1-22所示。

图1-21 柱模板加固

图1-22 梁模板

（5）模板支设重点应控制其底模板刚度、侧模板垂直度、表面平整度，特别要注意外围模板、柱模板、梁模板等处模板轴线位置的正确性。

（6）当模板安装完毕后，应由专业人员对其轴线、标高、各部位构件尺寸、支撑系统及模板基础、起拱高度进行检查。

（7）预埋管线、套管、预留孔洞、预埋件在合模时或混凝土浇灌前应预先固定，反复校核，不得遗漏。预埋件用直径为 4mm 的螺栓固定在模板上，周边用防水胶带粘贴。砌体拉结筋按要求留置。

（8）梁板底模板的拆除，应满足如下条件：梁跨度小于 8m 时，混凝土强度要达到 75%；梁跨度大于等于 8m 时，混凝土强度要达到 100%。板跨度小于 2m 时，混凝土强度要达到 50%；板跨度大于等于 2m，且小于 8m 时，混凝土强度要达到 75%；板跨度大于等于 8m 时，混凝土强度要达到 100%。悬臂构件混凝土强度应达到 100%方可拆除，应以同条件养护试件的试验结果为依据。在拆除模板过程中，如发现混凝土有影响结构的安全问题，应停止拆除，并报告技术负责人处理。

（9）模板支设后要达到以下要求：保证结构和构件各部位形状尺寸及相互间位置的正确性；具有足够的稳定性和牢固性；接缝严密，不漏浆；节约材料，便于拆除模板。

5. 混凝土工程

（1）施工前，调整好混凝土的施工配合比，控制水灰比和坍落度。

（2）砂、石的进料要严格按质量计量，严格执行施工配合比，投料顺序为石子、砂、水泥、石子。混凝土所用的原材料允许偏差：水泥±2%，粗细骨料±3%，水、外加剂±2%。

（3）对于面积较大的楼面，混凝土的浇筑通道宜采用钢筋马凳作支撑，上铺脚手板作两条通道，每条通道宽 1.2m 左右，以保证混凝土施工过程中已绑扎成型的钢筋不变形。若采用泵送浇筑可不必搭设浇筑通道。

（4）混凝土浇筑要连续施工，尽量避免留置施工缝。必须留施工缝的部位，应符合规范要求，施工缝应留平留直。在接缝时，应先对施工缝表面浇水湿润，并在接缝处铺设与原混凝土同强度等级的水泥砂浆。混凝土振捣要密实，振动棒应快插慢拔，以混凝土不出气泡、不下陷、表面泛浆为准。

（5）柱混凝土应浇至梁底 50～100mm 处或梁端弯筋底，梁板宜一次连续浇筑完毕，不留施工缝。肋形梁板浇筑，应顺次梁方向，如遇特殊情况需留施工缝，应留在剪力最小部位。

（6）混凝土浇筑时应分层下料，分层振捣，下料厚度宜控制在 300mm，振捣时，振动棒插入下一层的 100mm，使上下接合密实，振动棒严禁碰触钢筋，防止模板跑模。振动棒应快插慢拔，按行列式或交错式前进，振动棒移动距离一般在300～500mm，每次振捣时间控制在 20～30s，以混凝土表面呈现水泥浆和混凝土不再沉陷为准。楼面混凝土在初凝前还应用平板振动器复振，再用木抹子搓平及紧光机施工。

（7）有防水要求的部位应按设计及规程要求施工，并留设足够的混凝土试验试块，包括标准养护和同条件养护试块，有抗渗要求的，做抗渗试块。

6. 混凝土养护

混凝土浇筑后必须在 12h 内进行养护，使混凝土表面处于足够的湿润状态，由专人负责养护，养护时间不得少于 7d；对掺用缓凝型外加剂或有抗渗要求的混凝土，养护时间不少于 14d。当平均气温低于 5℃时，按照冬期施工进行养护。

7. 质量验收

（1）模板及其支架的承载能力、刚度和稳定性满足使用要求。

（2）模板拼缝严密，无错槎、孔洞等质量缺陷。

（3）混凝土结构轴线位移允许偏差小于等于 6mm。

（4）垂直度允许偏差：层高小于等于 5m 时，允许偏差小于等于 6mm；层高大于 5m 时，允许偏差小于等于 8mm。

（5）截面尺寸允许偏差为 +4～−5mm。

（四）施工图例

施工图如图 1-23～图 1-26 所示。

（五）标准依据

（1）《电力建设施工质量验收及评定规程　第 1 部分：土建工程》（DL/T 5210.1）。

（2）《混凝土结构工程施工质量验收规范》（GB 50204）。

图 1-23　钢筋成品保护

图 1-24　楼板钢筋绑扎

图1-25　模板垂直度检查

图1-26　混凝土框架结构

七、砌筑工程

（一）适用范围

适用于采用灰砂砖、承重多孔砖等砌筑的变电站主控楼、围墙及附属结构。

（二）工艺流程

施工准备→砖（砌）块浇水湿润→复核轴线→砂浆搅拌→砖体砌筑→质量验收。

（三）施工工序及验收

1. 施工准备

（1）材料准备。

1）砖的品种、规格、强度等级必须符合设计要求，有出厂合格证，按规范要求进行复验。砖进场时应进行尺寸偏差、外观质量等检查，不得使用国家禁止的建筑砌块。

2）水泥砂浆的强度等级不宜大于32.5级，混合砂浆的强度等级不宜大于42.5级。水泥必须有合格证并经见证取样复验。

3）砂采用中砂，使用前应用孔径为5mm的筛子过筛。

4）应将原材料送至实验室，进行配合比试验，并根据测定现场砂的含水率调整施工配合比。

5）其他材料准备。包括墙体拉结筋、预埋件、已做防腐处理的木砖或混凝土块及勾缝工具（用于清水砌体结构）等。

（2）技术准备。

1）做好图纸会审工作。

2）施工前，每个分项工程必须分级进行施工技术交底。技术交底内容要充实，具有针对性和指导性。全体施工人员应参加技术交底并签名，形成书面交底记录。

2. 砌（砖）块浇水湿润

砌块必须在砌筑前根据具体情况喷水湿润。机制实心砖以水浸入砖四边 1.5cm 为宜，含水率为 10%～15%，常温施工不得使用干砖上墙。雨期施工不得使用含水率达饱和状态的砖砌筑；温度低于 0℃时可不浇水，但必须加大砂浆稠度。

3. 复核轴线

砌筑前，将砌筑地方清理干净，弹出轴线及门窗洞口线，监理及施工质量检查员应检查复核控制线，主要是墙体轴线、墙体厚度、门窗洞口线等，并结合水电设计图纸，看暖气、空调等设施是否与门窗洞位置矛盾，如有问题联系设计单位解决。

4. 砂浆搅拌

通过实验室确定砂浆施工配合比，砂浆施工配合比必须采用质量比。依据配合比，并经现场试验测定，砂的含水率可进行调整。砂浆原材料允许偏差：水泥为±2%，砂、石灰膏控制在 5%以内。机械搅拌时，搅拌时间不得少于 2min，加入粉煤灰或外加剂时，不得少于 3min，掺用有机塑化剂的砂浆，应为 3～5min。

5. 砖体砌筑

（1）排砖撂底。排砖应全盘考虑，符合各种影响砌筑质量的因素。一般外墙第一层砖撂底时，两山墙排丁砖，前后檐纵墙排条砖。根据弹好的门窗口位置线及构造柱的尺寸，认真核对窗间墙、垛尺寸，其长度是否符合排砖模数，如不符合模数，可将门窗口的位置在设计单位同意的情况下左右稍调整移动。移动门窗口位置时，应注意暖、卫立管及门窗开启时不受影响。另外，排砖时还要考虑在门窗口上边的砖墙合拢处不出现半砖。

（2）选砖。外墙砖应选择棱角整齐，无弯曲、裂纹，颜色均匀，规格基本一致的材料，清水墙体更是注意。

（3）盘角。砌砖前应先盘好角，每次盘角不宜超过五层，新盘的大角，及时检查其垂直度及平整度，如有偏差及时调整。盘角时，要仔细对照皮数杆的标高，控制好灰缝大小，使水平缝及竖向缝均匀一致。大角盘好后应复查一次，墙体平整度和垂直度完全符合要求后，再挂线砌墙。

（4）挂线。砌筑 370、240 墙，都必须双边挂线，如果墙体较长，挂线中间应设置支点，控制线要拉紧，每层砖砌筑时应扣平线，使水平缝保持均匀一致。墙体双面挂线砌筑如图 1－27 所示。

（5）砌砖。砌砖采用一铲灰、一块砖、一挤揉的"三一"砌筑法。砌砖时，砖要放平，里手高，墙面就要张；里手低，墙面就要背。砌砖应遵循"上跟线，下跟棱，左右相邻要对平"的口诀，水平灰缝厚度和竖向灰缝宽度一般为 10mm，但不应小于 8mm，也不大于 12mm。清水墙灰缝要求宽度为 9～11mm。砌筑砂浆要随搅拌随使用，一般水泥砂浆必须在 3h 内用完，混合砂浆必须在 4h 内用完。标高不同时砌砖应从低处砌起，并由低处向高处搭砌。墙体"三一"砌筑如图 1-28 所示。

图 1-27　墙体双面挂线砌筑　　　　　图 1-28　墙体"三一"砌筑

（6）留槎。一般情况下，砖墙上不允许留直槎，砌体转角与交接处应同时砌筑，严禁内外墙分开施工。对不能同时砌筑而又必须留置的临时间断处应砌成斜槎，斜槎水平投影长度不应小于墙体高度 2/3。非抗震设防或抗震设防烈度为 6、7 度的临时间断处，当不能留斜槎时，可留直槎，但必须砌成凸槎，并应加设拉结筋，拉结筋的数量按设计要求设置，外墙转角严禁留直槎。

（7）预埋木砖和墙体拉结筋。木砖预埋时应小头在外，大头在内，数量按洞口高度决定，洞口高度在 1.2m 以内，每边放两块；高度为 1.2～2m，每边放 3 块；高度为 2～3m，每边放 4 块。预埋木砖的部位一般在洞口上边或下边四皮砖，中间均匀分布。木砖要提前做好防腐处理。预埋木砖的另一种方法：按照砖的大小尺寸制作细石混凝土包裹的木砖，制作时将细石混凝土木砖预制好，达到强度后，按规范要求砌在洞口处。墙体拉结筋的位置、规格、数量、间距均按设计及施工规范要求留置，不得错放、漏放。砌体拉结筋如图 1-29 所示。

（8）安装过梁、梁垫。安装过梁、梁垫时，其标高、位置及型号必须准确，垫灰饱满。如垫灰厚度超过 2cm，采用细石混凝土铺垫，边梁安装时，两端支座长度必须一致。

（9）构造柱做法。在构造柱连接处必须砌成马牙槎。马牙槎做法按规范要求施工，应先退后进。马牙槎侧边使用单面胶粘贴后支设模板，可防止浇筑混凝土时漏浆。构造柱做法如图 1-30 所示。

（10）承重墙最上一皮砖、梁或梁垫下、挑檐处均应采用整砖丁砌。

图1-29　砌体拉结筋

图1-30　构造柱做法

（11）填充墙梁底砌筑。填充墙外墙与框架梁之间保留宽度不小于30mm的缝隙，采用防水细石混凝土堵缝。堵缝时，缝隙处浇水湿润，墙体内侧采用模板挡住，从外墙采用微膨胀防水混凝土塞入墙缝中，捣制密实，如缝隙较大可进行两次浇捣。填充墙内墙与框架梁之间可留出2/3砖长位置，采用斜砖塞砌，砌筑时应砂浆饱满，砖缝填塞紧密。

6. 质量验收

（1）轴线位移允许偏差小于等于10mm。

（2）垂直度每层允许偏差小于等于5mm；建筑物全高小于等于10m时允许偏差小于等于10mm，建筑物全高大于10m时允许偏差小于等于20mm；基础顶面和楼面标高允许偏差为±15mm。

（3）表面平整度混水墙、柱、基础允许偏差小于等于8mm；清水墙小于等于5mm。

（4）门窗洞口高度、宽度允许偏差为±5mm；外墙上下窗偏移允许偏差小于等于20mm。

（5）水平灰缝平直度混水墙允许偏差小于等于10mm；清水墙小于等于5mm。

（6）水平灰缝厚度（10皮砖累计）允许偏差为±8mm。

（7）预留洞中心位移允许偏差小于等于10mm；截面内部尺寸允许偏差为+10～0mm。

（四）施工图例

施工图如图1-31～图1-34所示。

（五）标准依据

（1）《电力建设施工质量验收及评定规程　第1部分：土建工程》（DL/T 5210.1）。

（2）《砌体结构工程施工质量验收规范》（GB 50203）。

图1-31　灰砂砖砌体砌筑细部

图1-32　围墙砌筑

图1-33　填充墙砌筑

图1-34　清水墙勾缝

八、抹灰工程

（一）适用范围

适用于主控楼、围墙及附属结构内、外墙面抹灰工程。

（二）工艺流程

施工准备→基层处理→掉垂直、贴灰饼、冲筋→基层抹灰→抹水泥砂浆面层→大面积外墙抹灰施工→抹灰细部处理→洞口部位修整→踢脚线→质量验收。

（三）施工工序及验收

1. 施工准备

（1）材料准备。水泥应采用32.5级普通硅酸盐水泥或矿渣硅酸盐水泥；砂采用中砂；混凝土界面采用108胶；抹灰用脚手架应先搭好，架体离开墙面200～250mm，搭好脚手板。

（2）其他准备。抹灰部位的主体结构均已验收合格，门窗框及需要预埋的管道已安装完毕，并经隐蔽验收；对于卫生间及管道井部分管道背后难以抹灰的部分，应先定点进行局部抹灰。

2. 基层处理

（1）基层为混凝土、加气混凝土、粉煤灰砌块时，应用 1∶1 水泥、细砂掺108 胶拌和后，采用机械喷涂或扫帚甩浆等方法进行墙面毛化处理，并进行洒水养护。对于砖墙，应在抹灰前一天浇水湿润；加气混凝土砌块墙面，应提前两天浇水，每天进行两遍以上。

（2）不同材料基体交接处的表面抹灰，外墙和顶棚的抹灰层与基层之间及各抹灰层之间必须粘贴牢固。内外填充墙体与混凝土（柱、梁）交接处粉刷前应采用抗碱纤维网格布粘贴，宽度不小于 300mm，以防止由于收缩模量不同产生的温度裂缝。外墙（柱、梁）交接处还应按设计及规范要求用钢丝网加固。墙面粘贴玻璃纤维布如图 1-35 所示，墙面粘贴钢丝加强网如图 1-36 所示。

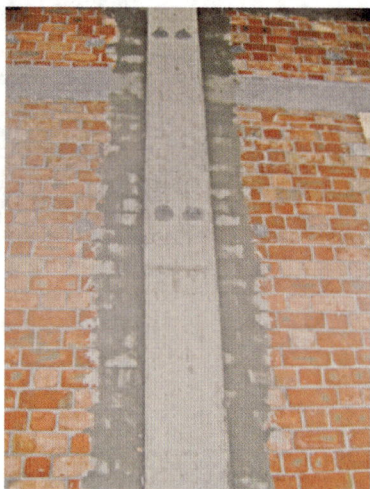

图 1-35　墙面粘贴玻璃纤维布

图 1-36　墙面粘贴钢丝加强网

3. 吊垂直、贴灰饼、冲筋

在房间地面弹十字交叉线规方，十字交叉线作为墙面抹灰基准线，根据地面弹线，进行墙面贴灰饼、冲筋。

4. 基层抹灰

基层抹灰前应检查基层处理情况（如表面毛化处理等），底灰和中层灰用1∶2.5 水泥砂浆涂抹，并用抹子搓平呈毛面。在砂浆终凝之前，表面用扫帚扫毛。

墙面抹灰层应分层施工，分层刮糙，每层厚度控制在 7～9mm，面层抹灰应待底层砂浆达到一定强度，并吸水均匀后进行。

5. 抹水泥砂浆面层

墙面刮糙完成后，抹水泥砂浆面层，厚度为 6～8mm。操作时先将墙面湿润，然后用砂浆薄刮一遍使其与中层砂浆黏结，紧跟着抹第二遍，达到要求的厚度，用压尺刮平找直，待其水分略干后，用铁抹子压实压光。施工过程中应严格控制水泥砂浆的配合比及水灰比。

6. 大面积外墙抹灰施工

柱、垛、墙面、门窗洞口、勒脚等处要在抹灰前拉水平和垂直两个方向的通线，找好规矩，包括四角挂垂直线、大角找方、拉通线贴饼。墙面有分格缝要求时，应在中层分格弹线，贴分格条时要四周交接严密，横平竖直，接槎要整齐。外墙抹灰应由屋檐自上往下进行，刮尺刮平，待水分略干时用抹子抹平、压光。

7. 抹灰细部处理

分格条粘贴外墙面刮糙完成后，墙面弹线、分格，将墙面分格条、滴水线条等粘贴完成，并浇水养护。抹灰分格条的设置应符合设计要求，宽度和深度应均匀，表面光滑，棱角整齐。墙面塌饼、贴分格条。窗台、阳台、挑檐等凸出墙体的部位，应做滴水线（槽），流水坡度、滴水线（槽）应顺直、内高外低，滴水线（槽）宽度和深度均不应小于 10mm，如图 1-37 所示。

图 1-37 窗外口设滴水槽

8. 洞口部位修整

抹面层砂浆完成前，应对预留洞口及电气箱、槽、盒等边缘进行修补，将洞口周边修理整齐、光滑，残余砂浆清理干净。

9. 踢脚线

墙面踢脚线为 1∶3 水泥砂浆基层刮糙，1∶2.5 水泥砂浆面层，如踢脚线为石材，墙面粉刷则按石材踢脚线高度留出空隙，在石材踢脚线施工前完成刮糙。

10. 质量验收

（1）高级抹灰立面垂直度允许偏差小于等于 3mm，普通抹灰立面垂直度允许偏差小于等于 4mm。

（2）高级抹灰表面平整度小于等于 2mm，普通抹灰表面平整度小于等于 4mm。

（3）高级抹灰阴阳角方正允许偏差小于等于 2mm，普通抹灰阴阳角方正允许偏差小于等于 4mm。

（4）高级抹灰分格条（缝）直线度允许偏差小于等于 3mm，普通抹灰分格条（缝）直线度允许偏差小于等于 4mm。

（5）高级抹灰墙裙、勒脚上口直线度允许偏差小于等于 3mm，普通抹灰墙裙、勒脚上口直线度允许偏差小于等于 4mm。

（四）施工图例

施工图如图 1-38 和图 1-39 所示。

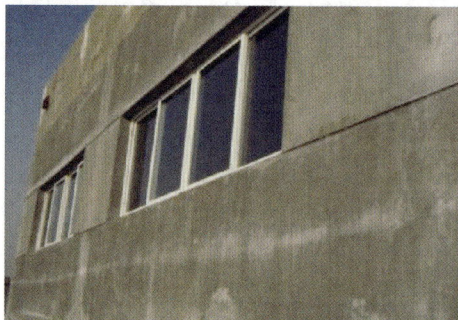

图 1-38　外墙抹灰

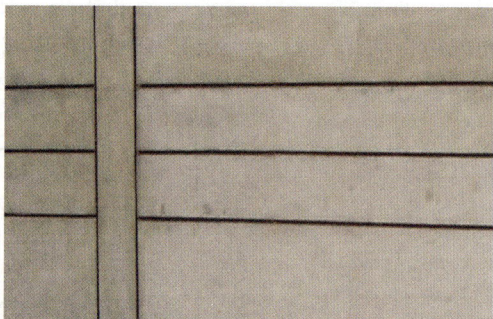

图 1-39　围墙抹灰

（五）标准依据

（1）《电力建设施工质量验收及评定规程　第 1 部分：土建工程》（DL/T 5210.1）。

（2）《建筑装饰装修工程质量验收规范》（GB 50210）。

九、门窗工程

（一）适用范围

适用于升压站工程的建筑门窗（钢门窗、铝合金门窗、木门窗、复合材料门窗）安装工程施工。

（二）工艺流程

施工准备→门窗检查校正→门窗框安装→门窗扇安装→成品保护→质量验收。

（三）施工工序及验收

1. 施工准备

（1）门窗材料准备。铝合金、钢、木、复合材料门窗所选用的材料质量要符合国家标准的规定。铝合金型材表面处理：阳极氧化膜厚度大于等于 10μm；阳极氧化复合表膜厚度大于等于 7μm；铝合金门窗制作型材壁厚不小于 1.4mm。

（2）附件材料准备。按设计要求加工玻璃，选用纱窗；密封条选用橡胶条或橡塑条；密封材料可选用硅酮胶、聚硫胶、聚氨酯胶等；其他如防腐材料、保温材料、嵌缝材料、焊条、防锈漆、螺钉、铝制拉铆钉、连接铁板、地弹簧、玻璃尼龙毛刷、压条、橡皮条、玻璃条、锁、防脱落装置、门吸等材料应准备齐全。

（3）技术准备。

1）做好图纸会审工作。

2）施工前，每个分项工程必须分级进行施工技术交底。技术交底内容要充实，具有针对性和指导性。全体施工人员应参加技术交底并签名，形成书面交底记录。

（4）进场检查及试验。铝合金门窗应检查合格证、原材料产品质量证明书；窗进场成品需做抗风压、水密性和气密性试验；检查门窗品种、类型、规格、尺寸、性能、开启方向应符合设计要求，门窗应采用塑料胶带粘贴保护，门窗应分类侧放，防止受力变形。

（5）外窗按要求设置滴水线（槽）；外窗台应低于内窗台 10mm，并向外按 20%放出坡度。

2. 门窗框安装

（1）弹线找规矩。按图纸要求尺寸在各层门窗洞口处弹出窗框水平及垂直控制线，对偏位门窗、洞口进行剔凿处理。根据弹线，进行门窗洞口刮糙，门窗框居中安装，按外墙塌饼同一尺寸进行安装。

（2）防腐处理。按设计要求处理；设计无要求时，门窗侧边与墙体连接部位可涂刷橡胶型防腐涂料或涂刷聚丙乙烯树脂保护装饰膜。采用铁件连接的固定件，应进行防腐处理，连接件宜采用不锈钢或铝制连接件。连接件间隔距离不大于500mm。

（3）就位和临时固定。根据找好的规矩，安装门窗，并及时将其吊直找平，在其安装位置正确后，用木楔临时固定。

（4）修饰、固定、附件安装。在墙体预埋混凝土上采用电锤钻孔，将塑料膨胀管插入孔内，窗连接件采用螺栓拧入膨胀管内固定，连接件应内外交错布置。门窗装入洞口应横平竖直，外框与洞口应弹性连接牢固，不得将门窗外框直接埋入墙体。安装密封条时应留有伸缩余量，一般比门窗的装配边长 20～30mm，在转角处应斜面断开，并用胶粘剂粘贴牢固，以免产生收缩缝。门框下部要埋入地面深 30～150mm。

（5）门窗框与墙体间空隙填充。门窗框与墙体间空隙采用发泡材料填充密实，防止漏水。门窗框外侧和墙体室外二次粉刷应预留 5～8mm 深槽口用硅硐膏密封。

（6）后塞门窗框。后塞门窗框前要预先检查门窗洞口的尺寸、垂直度及木砖数量，如有问题，应事先修补好；门窗框采用钉子与墙内的预埋木砖固定，每边的固定点不少于两处，其间的距离不大于 1.2m。

3. 门窗扇安装

（1）木门窗扇的安装。安装应检查门窗扇的型号、规格、质量是否符合要求，安装前根据门窗框的高低、宽窄尺寸，然后在相应的扇边上画出高低、宽窄的线，双扇门窗要打叠（自由门除外），应在中间缝处画出中线，再画出边线，并保证梃宽一致，上下冒头也要画线刨直；用粗刨刨去线外部分，再用细刨刨至光滑平直，使其符合设计尺寸要求；扇放入框中试安装合格后，按扇高的 1/10～1/8，根据合页尺寸及安装位置在框上画线，剔出合页槽，槽的尺寸一定要与合页形状相适应，槽底要平。

（2）玻璃安装。根据门、窗扇尺寸，计算下料尺寸玻璃切割时，玻璃与扇形保留一定的空隙；玻璃就位后，将橡皮条嵌入凹槽挤紧玻璃，然后在封条上面注入密封胶，玻璃放入凹槽中间，内外两侧的间隙宽度不小于 2mm，玻璃下部应用垫块将玻璃垫起。

（3）门窗扇安装。木门扇安装前先确定门的开启方向及小五金型号和安装位置，然后检查门口尺寸是否正确，边角是否方正，有无窜角，检查门口高度，在扇的相对部位定位放线。根据门窗框口净尺寸修刨木门扇边木，扇入框试配合格后，其铰链位置由相同的门铰链位置模具尺统一划线，剔槽后再安装门扇。铝合金窗应先安装内扇，后安装外扇。旋转调整螺钉，调整滑轮与下框的距离，使毛条压缩量为 1～2mm。

（4）门窗扇附件安装。门窗扇安装完成后，应安装锁及拉手等附件，铝合金窗还应特别注意安装防脱落装置。在门窗扇木节处或已填补的木节处，均不得安装小五金；装合页、插销等小五金时，用锤将木螺钉钉入 1/3 的长度后，应改用起子将木螺钉拧紧，不得拧歪、倾斜。在安装时，应先钻 2/3 深度的孔，孔径为木螺钉直径的 0.9 倍，然后将木螺钉由孔中拧入；合页距门窗上下端应取立梃高度的 1/10，并避开上下冒头，且合页位置、数量应符合规范要求。门窗安装后应开启灵活。门拉手安装距地面 900～1050mm，门锁位置一般高出地面 900～950mm，门拉手安装应里外一致；锁不宜安装在中冒头与立梃的接合处，以防伤榫。门窗扇为外开时，L铁、T铁安装在里面，内开时安装在外面；下插销要安装在梃宽的中间，如采用暗插销，则应在外梃上剔槽。

4. 成品保护

施工时要加强保护，不允许随意撕掉门窗框表面所贴的保护膜。在交叉中作业中，应采用木档或其他物件进行保护，以免钢管及其他硬物碰坏门窗框。推拉门安装完成后，下槛内外两侧需加斜形木板或采用其他保护措施，以免搬运小车损坏下槛。内外墙抹灰完成后才能将门窗框保护膜撕去，保护膜的胶质物在型材表面如留有胶痕，宜用香蕉水清理干净。涂刷工程施工前，应在门窗边框四周贴上美纹胶纸，防止涂料及油漆对门窗框二次污染。

5. 质量验收

（1）钢门窗安装工程质量标准：

1）门窗槽口对角线长度偏差：高级小于等于 2mm，普通小于等于 3mm。

2）门窗框的正、侧面垂直度允许偏差小于等于 2mm。

3）门窗框、扇配合间隙的留缝限值允许偏差小于等于 2mm。

4）无下框时门扇与地面留缝限值允许偏差外门：高级 5～6mm；普通 4～7mm。内门：高级 6～7mm；普通 5～8mm。卫生间门：高级 8～10mm；普通 8～12mm。

（2）铝合金门窗安装工程质量标准：

1）门窗槽口宽度、高度小于等于 1500mm 时允许偏差为±1.5mm；大于 1500mm 时允许偏差为±2mm。

2）门窗槽口对角线长度小于等于 2000mm 时允许偏差小于等于 3mm；大于 2000mm 时允许偏差小于等于 4mm。

3）门窗框的正、侧面垂直度允许偏差小于等于 2.5mm。

4）推拉门窗扇与框搭接量允许偏差为±1.5mm。

（3）塑料门窗安装工程质量标准：

1）门窗槽口宽度、高度小于等于 1500mm 时允许偏差为±2mm；大于 1500mm 时允许偏差为±3mm。

2）门窗槽口对角线长度小于等于 2000mm 时允许偏差小于等于 3mm；大于 2000mm 时允许偏差小于等于 5mm。

3）门窗框的正、侧面垂直度允许偏差小于等于 3mm。

4）同樘平开门窗相邻扇高度允许偏差小于等于 2mm，平开门窗铰链部门配合间隙允许偏差为 +2～-1mm，推拉门窗扇与框搭接量允许偏差为 +1.5～-2.5mm，推拉门窗扇与竖框平行度允许偏差小于等于 2mm。

（四）施工图例

施工图如图 1-40～图 1-44 所示。

图 1-40　塑钢窗安装附加窗套和窗帘盒

图 1-41　木门加门套安装

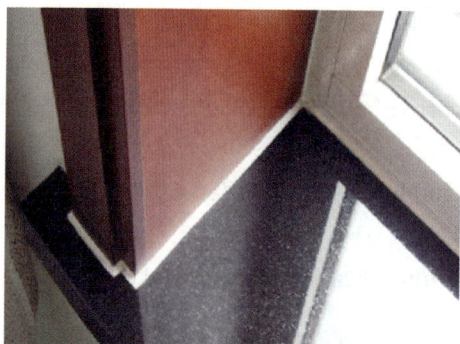

图 1-42　窗台板安装密封胶封堵严密美观

图 1-43　门套加设不锈钢防撞板

图 1-44　不锈钢门安装

（五）标准依据

（1）《电力建设施工质量验收及评定规程　第 1 部分：土建工程》（DL/T 5210.1）。

（2）《建筑装饰装修工程质量验收规范》（GB 50210）。

十、屋面工程

（一）适用范围

适用于主控楼及附属建（构）筑物的屋面保温、防水及上人屋面。

（二）工艺流程

施工准备→屋面找平层→屋面保温层→铺贴防水卷材→屋面卷材胶粘法施工→保护层施工→上人屋面→雨落管→蓄水试验→质量验收。

（三）施工工序及验收

1. 施工准备

（1）材料准备。防水卷材、胶粘剂及配套材料应有合格证，并经见证取样，试验合格。水泥采用 32.5 号以上的普通硅酸盐水泥和硅酸盐水泥，质量符合国家标准的规定；石子料级配良好，粗骨料粒径为 5~15mm，含泥量不大于 1.0%，细骨料级配良好，采用中砂、基层处理剂等。

（2）技术准备。

1）做好图纸会审工作。

2）施工前，每个分项工程必须分级进行施工技术交底。技术交底内容要充实，具有针对性和指导性。全体施工人员应参加技术交底并签名，形成书面交底记录。

（3）基层处理。应检查设计泛水坡度、方向；所有管道、避雷设施全部安装完毕，并通过验收；所有阴阳角、管根抹成圆角；做好挑沿、女儿墙、人孔、沉降缝等防腐木砖，沉降缝顶要做坡以利于铁皮封盖。施工前应检查、清理基层，基层清理验收合格后方可施工。

（4）其他准备。屋面保温材料的质量符合设计要求和施工验收规范的规定，并应有质量验收证明文件，文件中应注明粒度、堆积密实及表观密度，含水率、导热系数，板状材料尚须注明厚度、几何尺寸。

2. 屋面找平层

找平层施工前应检查结构层的质量及排水坡度、天沟和水落口的标高、管道和预埋件等的施工质量并验收合格。根据屋面设计坡度及找平层厚度做好塌饼，并做好分格缝（找平层分格应与排气槽重合，分格宽度不宜大于 6m，采用上宽下窄梯形木条分格）。施工前，基层应清理干净，并充分湿润。铺浆前刷素水泥浆一道，随刷随铺。铺浆时应掌握好砂浆稠度，已拌好砂浆应及时用完，一个分格内砂浆要一次性铺完，不留施工缝。找平层表面不少于 3 遍压光，压光完成后，表面不应有漏压、凹坑、死角、砂眼，最后一遍抹光应在水泥砂浆终凝前完成。砂浆找平层洒水养护不少于 7d。分隔缝内应清理干净，并采用油膏嵌缝。

3. 屋面保温层

板块保温层铺设前应满涂胶结材料，与基层之间相互粘牢，板块材料应铺平、铺实，分层铺设时应上下接缝错开。现浇整体保温材料应根据屋面设计坡度、厚度施工。保温层容易吸水，且不容易挥发，保温层施工完成后，应及时抹水泥砂浆找平层。如保温层含水率过高，应待水分充分挥发后再施工找平层。屋面聚胺酯保温层如图 1-45 所示。

保温层必须设置排气槽，排气槽宜设置在屋面板的端头接缝处、转角处。排气槽宽度设置在 50～70mm，纵横间距不宜大于 6m。屋面排气孔如图 1-46 所示。

图 1-45　屋面聚氨酯保温层

图 1-46　屋面排气孔

4. 铺贴防水卷材

（1）铺贴防水卷材前首先要做好附加层的施工，卷材防水一般采用胶粘剂、热溶或冷粘贴于屋面基层。

（2）屋面特殊部位的附加增强层和卷材铺贴要求：檐口位置应将端头的卷材裁齐后压入凹槽内，然后将凹槽用密封材料嵌填密实。例如，用压条或带垫片的钉子固定，钉子钉入凹槽内，钉帽及卷材端头压条上下口用密封材料封平。

（3）天沟、檐口、卷材铺贴前，应对水落口进行密封处理，在埋设水落口杯时，水落口杯与竖向插口的连接处应用密封嵌填密实，防止该部位在暴雨时产生倒水现象。水落口周围直径 500mm 范围内用防水涂料或密封材料涂封作为附加增强层，厚度不小于 2mm。由于天沟、檐口部位水流量较大，在转角处用密封材料密封，每边宽度不小于 300mm，干燥后增添一层卷材或涂刷涂料作为附加层。天沟、檐口铺贴卷材应从沟底开始，顺天沟从水落口向分水岭方向铺贴。铺至水落口的各层卷材和附加增强层均应粘贴在杯口上，用雨水罩的底盘将其压紧，底盘与卷材间满涂胶结材料。变形缝处附加墙与屋面交接处的泛水部位应增加附加增强层。排气孔与伸出屋面的管道阴角处两层附加增强层，上部剪开交叉贴实，上端用细铁丝扎牢，用密封材料密封，阴阳角处用密封材料密封。再铺贴一层卷材附加层。屋面天沟附加层如图1-47所示。

图 1-47　屋面天沟附加层

（4）防水卷材施工前应检查基层，基层表面应洁净、平整、坚实，不应有起砂、开裂、空鼓等现象，表面干燥，含水率不应大于9%。

（5）卷材的层数、厚度应符合设计要求。多层铺贴时接缝应错开。铺贴时随放卷材随用喷枪加热基层和卷材的交接处，喷枪距加热面300mm左右，经往返均匀加热，趁卷材的材面刚刚熔化时，将卷材向前滚铺、粘贴。

（6）卷材应平行屋脊从檐沟处往上铺贴，双向流水坡度卷材搭接应顺水流方向进行。长边及端头的搭接宽度均为80mm，且端头接槎要错开50mm。卷材配制应减少阴阳角处的接头。铺贴平面与立面相连接的卷材，应由下向上进行，使卷材紧贴阴阳角，铺展时对卷材不宜拉得太紧，卷材完成后不得有皱褶、空鼓现象。

5. **屋面卷材胶粘法施工**

基层应涂刷基层处理剂，涂刷应均匀，待基层处理剂基本干燥后，顺卷材摊铺方向弹线，将卷材摊开，卷材折叠背面朝上，将调制好的胶粘剂均匀涂刷在屋面基层及卷材背面，涂刷均匀一致，并进行晾干，但卷材搭接部位不得涂胶。胶粘剂晾干后，反转卷材沿弹好的标准线进行粘贴。铺贴的卷材不宜拉得太紧，每铺完一幅卷材，应立即用压辊沿卷材中间向两端辊压，排除粘贴层空气，卷材内不得有空鼓及粘贴不牢的现象，卷材搭接封口处采用专用封口胶封闭。卷材铺设应从最低处往最高处施工，且尽量减少搭接接头。

6. 保护层施工

屋面防水保护层一般采用豆石防水面层或面层涂铝箔漆保护层。女儿墙泛水之上至压顶部分，采用抹灰刷涂料施工工艺，以增强美观效果，如图1-48所示。

图1-48　铝箔漆保护层及泛水上涂料

7. 上人屋面

主控楼若有上人屋面，在防水卷材层施工完成、蓄水试验合格后，进行屋面刷毛，然后用1∶2.5干硬性水泥砂浆做铺贴层，泼浆粘贴屋面砖。根据屋面情况留设伸缩缝，宽度为2cm左右，伸缩缝间距不大于6m，缝间填塞密封膏。

8. 雨落管

屋面雨水口及雨水斗按设计要求进行安装，雨落管安装必须牢固美观，散水以上1.8m处应采用镀锌钢管，管径同上段，并喷漆防腐，如图1-49所示。

图1-49　底段采用镀锌钢管

9. 蓄水试验

蓄水应高出屋面最高点 5cm，静置时间不少于 24h，不得有渗漏现象。上人贴砖屋面需做二次蓄水试验。

10. 质量验收

（1）屋面不得有渗漏现象。

（2）排气孔留设正确，细部粘贴牢固。

（3）粘贴方向正确。

（4）防水搭接宽度大于等于 100mm。

（四）施工图例

施工图如图 1-50 和图 1-51 所示。

（五）标准依据

（1）《电力建设施工质量验收及评定规程　第 1 部分：土建工程》（DL/T 5210.1）。

（2）《屋面工程质量验收规范》（GB 50207）。

图 1-50　防水卷材屋面

图 1-51　上人贴砖屋面

十一、吊顶工程

（一）适用范围

适用于变电站工程的主控楼、辅助建（构）筑物中需要以龙骨为骨架，以各种面板为罩面板的吊顶装饰工程。

（二）工艺流程

施工准备→设计、排版、弹线→吊件安装→龙骨安装→面板的预选、加工及安装→压条安装→质量验收。

（三）施工工序及验收

1. 施工准备

（1）材料准备。包括龙骨、配件、吊杆、拉铆钉、面板等，检查原材料型号、规格、尺寸出厂合格证等。

（2）技术准备。

1）做好图纸会审工作。

2）施工前，每个分项工程必须分级进行施工技术交底。技术交底内容要充实，具有针对性和指导性。全体施工人员应参加技术交底并签名，形成书面交底记录。

2. 设计、排版、弹线

根据图纸要求及空间具体尺寸，对室内吊顶进行设计、排版，在房间四周墙体弹出顶棚水平线；对吊顶吊杆间距进行划分、弹十字线。排版安装以中心对称原则向两边分，但两边不得出现小于1/2块的面板。

3. 吊件安装

按顶棚弹线尺寸安装吊杆。根据吊顶设计图和起拱要求，将可调节金属吊杆与角钢块的孔固定，吊杆间距不大于 1200mm，吊杆距主龙骨端部不大于300mm，吊杆高度大于 1.5m 时应增加斜向支撑，吊杆按房间短向跨度的 1%～3%起拱。

4. 龙骨安装

（1）安装主龙骨。主龙骨安装时采用与主龙骨相配套的吊件和吊杆连接。主龙骨与吊杆固定时，应用双螺母在螺杆穿过部位上下固定，然后按标高线调整主龙骨的标高，使其在同一水平面上。主龙骨接头不允许在同一直线上，应相互错开，靠边龙骨与墙体固定。

（2）安装边龙骨。设标高线固定边龙骨的底面与标高线齐平；边龙骨的固定方法可以用水泥钉直接钉在墙、柱面或窗帘盒上，固定位置的间隔距离为 400～600mm。

（3）安装次龙骨。按装饰板材的尺寸在主龙骨底部划线，用挂件固定，并使其固定牢固，不得有松动，吊挂件安装方向应交错进行。遇有送风口、照明灯具及下部有轻钢龙骨的墙体时，应在吊顶相应部位按设计节点详图附加布设中龙骨或小龙骨。

5. 面板的预选、加工及安装

为了保证吊顶饰面的完整性和安装可靠性，在确定龙骨位置线后，需要根据板材尺寸规格及吊顶面积来安排骨架的结构尺寸，四周靠墙边缘部分不符合板材的模数时，局部进行材料加工，确保板材组合的图案完整，四周留边尺寸对称、均匀。如遇管道，面板应按管道形状安装，严密美观。

面板安装前应进行材料预选，材料的型号、规格、厚度和平整度不合格时要剔除，变形材料要进行校正，面板安装前要进行排版，安装时按照设定好的板块布置线，从一个方向（大面）向另一个方向依次安装。应预先考虑灯具、空调及设备检修口，检修口应做成活动盖。吊顶的检修口板，便于检修。吊顶检修口如图 1-52 所示。

图 1-52　吊顶检修口

6. 压条安装

靠墙周边采用压条固定，压条固定应平直，接口严密、不得翘曲。

7. 质量验收

（1）表面平整度允许偏差：石膏板小于等于 3mm；金属板小于等于 2mm；矿棉板小于等于 2mm；木板、塑料板、格栅小于等于 2mm。

（2）接缝直线度允许偏差：石膏板小于等于 3mm；金属板小于等于 1.5mm；矿棉板小于等于 3mm；木板、塑料板、格栅小于等于 3mm。

（3）接缝高低差允许偏差：纸面石膏板小于等于 1mm；金属板小于等于 1mm；矿棉板小于等于 1.5mm；木板、塑料板、格栅小于等于 1mm。

（4）吊顶四周水平允许偏差为±5mm。

（四）施工图例

施工图如图 1-53 所示。

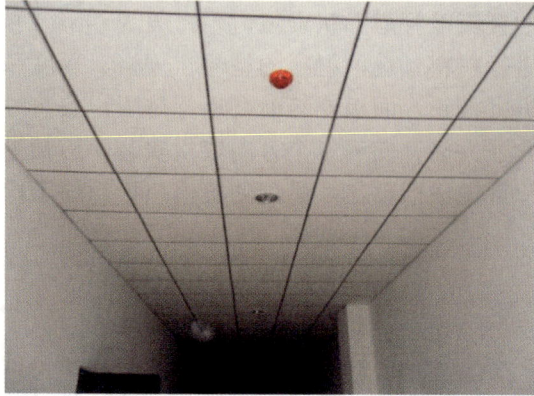

图 1-53   矿棉板吊顶两侧面板大于 1/2 块（灯具居中安装）

（五）标准依据

（1）《电力建设施工质量验收及评定规程   第 1 部分：土建工程》（DL/T 5210.1）。

（2）《建筑装饰装修工程质量验收规范》（GB 50210）。

十二、地面和楼面工程

（一）适用范围

适用于升压站工程的主控楼及各类辅助设施的板块楼地面工程。

（二）工艺流程

施工准备→设计、排砖→扫浆、铺贴→勾缝、擦缝→养护→镶贴踢脚板→成品保护→防静电活动地板→质量验收。

（三）施工工序及验收

1. 施工准备

（1）材料准备。石材、面砖等板块材料表面应洁净、图案清晰、色泽一致、边缘整齐、大小一致、厚度均匀、周边顺直。天然大理石和花岗岩板材的技术等级、光泽度、外观应符合《天然大理石建筑板材》（JG 79—2001）、《天然花岗石建筑板材》（JG 205—1992）的规定。大理石不得受雨淋、水泡、曝晒，采用立放形式，光面相向，板材下部垫木块，只堆放一层，运输时防止与其他物件相撞。

（2）技术准备。

1）做好图纸会审工作。

2）施工前，每个分项工程必须分级进行施工技术交底。技术交底内容要充实，具有针对性和指导性。全体施工人员应参加技术交底并签名，形成书面交底记录。

（3）基层处理。基层表面的浮土和砂浆应清理干净，有油污时，应用 10% 时的火碱水刷净，并用压力水冲洗干净。

（4）其他准备。墙四周弹好 +50cm 水平线；地面防水层完成，蓄水试验无渗漏，隐蔽验收合格；穿楼地面的管洞封堵密实；楼地面垫层完成，主控楼房间较多时，应测出每层每个房间的地面标高，结合铺贴情况调整 +50cm 水平线。

2. 设计、排砖

根据现场实测，绘制出各房间准确尺寸图。综合考虑房间实际尺寸、中心线位置、板材规格、纹理图案、埋件位置及相连通房间的走廊板材拼接等要求，在计算机上进行模拟排块设计，绘制"排块设计图"。注意：每边不宜有两列非整砖，且非整砖宽度不小于 1/2 整砖。按照"排块设计图"，使用大型专用切割刀具对需切割板材及异形板材进行加工，保证切割后的边角光滑、细腻。所有板材加工完成后，按"排块设计图"将不同花纹、不同拼花式样的板材预先编号。镶贴时，严格按编号顺序施工。

3. 扫浆、铺贴

板材铺贴前，应对地面基层进行湿润，刷水灰比为 0.5 的水泥素浆，随刷随铺干硬性砂浆接合层，从里往外、从大面往小面摊铺，铺好后用大杠尺刮平，再用抹子拍实找平。接合层砂浆干硬程度以手捏成团、落地即散为宜。板材应先试贴，先将板材按通线平稳铺下，用橡皮锤垫木块轻击，使砂浆密实、缝隙、平整度满足要求后，揭开板块，发现接合层不密实有空隙时，应填砂浆搓平，在板材背面批厚 8～10mm 的素水泥浆，正式铺贴。

按设计确定接合层厚度，并拉十字线控制接合层的厚度及表面平整度。用橡皮锤均匀轻击板面，找直、找平。每铺好一块，使用水平尺、直尺检查，板材拼缝处用手触摸检查。为防止铺贴后接合层表面有反碱现象发生，天然石材铺贴前，应采用防碱背涂处理剂进行背涂处理。卫生间排版设计时应将蹲便器和地漏设置在板块中间，如图 1-54 和图 1-55 所示。

图 1-54 蹲便器周围地砖对称粘贴

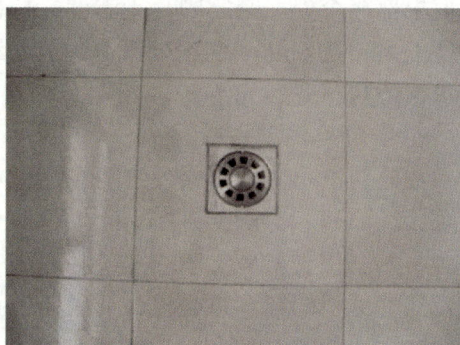

图 1-55 地漏居中粘贴地砖

4. 勾缝、擦缝

板块铺完 2d 后，使用 1:1 水泥色浆勾缝。水泥色浆先按石材颜色要求在水泥中加入矿物颜料进行调制。灌浆 1～2d 后，用棉纱及其他擦布蘸色浆擦缝，黏附在板面上的浆液随手用湿纱头擦干净。

5. 养护

板块铺完 24h 后，表面撒上干净锯末保护，喷水养护，时间不少于 7d，待接合层的水泥砂浆达到设计要求后，经清洗、晾干后，方可打蜡擦亮。

6. 镶贴踢脚板

踢脚板用板块，一般采用与地面块材同品种、同规格、不同颜色的材料，踢脚板的缝与地面缝形成通缝。铺设时应在房间的两端头阴角处各镶贴一块砖，出墙厚度和高度应符合设计要求，并以此砖上边为标准挂线，开始铺贴。踢脚板浸湿晾干后，在背面抹厚度为 8～10mm 的 1:2 水泥砂浆，然后拉通长控制线粘贴，用木锤轻击密实，靠尺找直、找平，方尺找角。次日，用同色水泥浆擦缝。楼梯处踢脚板应裁割仔细，具体尺寸应逐块尺量获得。墙体刷涂料前，应采用美纹带粘贴在踢脚板上口，防止污染。

7. 成品保护

（1）切割地砖时，不得在刚铺贴好的砖面层上操作。面砖铺贴完成以后应撒锯末保护。

（2）铺贴砂浆抗压强度达到 1.2MPa 时，方可上人进行操作，但必须注意油漆、砂浆不得放在板块上，铁管等硬器不得碰坏砖面层。喷浆时要对面层进行覆盖保护。

8. 质量检查

板块面应坚实、平整、洁净，缝格顺直，不应有空鼓、松动、脱落和裂缝、污染现象。有泄水要求的地面、楼面，坡度符合设计要求，地面无积水，与地漏、管道根部接合处严密牢固，无渗漏。楼梯踏步和台阶缝隙宽度应一致，相邻两步高度差不超过 5mm，防滑条顺直，地面镶边用料及尺寸符合设计要求和施工规范要求，边角整齐、光滑。

9. 防静电活动地板

控制室、继电保护室有时为防静电活动，其地板面层在施工中应注意以下要求：

（1）金属支架应支承在坚实的基层上，基层应平整、光洁、干燥、不起灰。铺设活动地板的标高符合设计要求，铺设前应进行活动地板排版、设计。

（2）选择符合房间尺寸的板块模数，如无法满足，非整块板不得有小于 1/2 的板块出现，且应放在房间阴角部位。

（3）在墙体四周弹设标高控制线，依据标高控制线，由外往里铺设，铺设时应规方，并预留洞口与设备位置。

（4）先将活动地板各部分组装好，以基准线为准，固定支架的底座，连接支架和框架。根据标高控制线确定面板高度，带线调整支压螺杆。用水平尺调整每个支座的高度，使支架均匀受力。

（5）活动地板为成品地板在支托调整好后可直接安装，活动地板应从相邻两边依次向外铺装，为保证平整，并可转动、调换活动地板位置，不得在地板下加垫。活动地板在墙边接漏、缝处，安装踢脚线覆盖。通风口等处采用异形活动地板安装。

（6）活动地板完成后应做好成品保护，防止涂料二次污染，严禁对地板表面造成硬物损伤。

10. 质量验收

（1）地砖表面平整度允许偏差小于等于 2.0mm。

（2）缝格平直度允许偏差小于等于 2.0mm。

（3）接缝高低差允许偏差小于等于 0.5mm。

（4）踢脚线上口平直度允许偏差小于等于 1.0mm。

（5）板块间隙宽度允许偏差小于等于 1.0mm。

（6）地砖无破边损角、划痕等质量缺陷。

（四）施工图例

施工图如图 1－56 和图 1－57 所示。

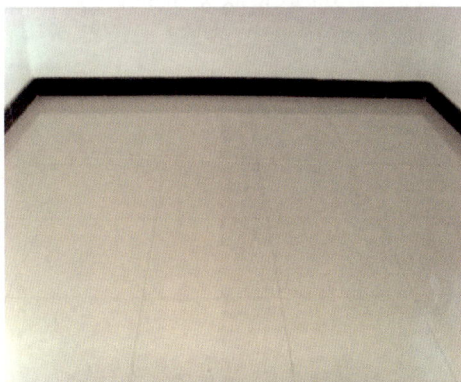

图 1－56　粘贴砖地面　　　　　　　图 1－57　活动地板地面

（五）标准依据

（1）《电力建设施工质量验收及评定规程　第 1 部分：土建工程》（DL/T

5210.1）。

（2）《建筑装饰装修工程质量验收规范》（GB 50210）。

十三、外墙保温工程

（一）适用范围

适用于主控楼墙体粘贴保温板外保温施工。

（二）工艺流程

施工准备→粘贴保温板→保护层施工→门窗洞口粘贴玻璃纤维网施工→保护层养护→质量验收。

（三）施工工序及验收

1. 施工准备

（1）基层处理。墙面应清理干净，清洗油渍、油灰等。

（2）根据要求在墙面弹出保温板粘贴控制线（竖向线、水平线）。

（3）保温块材和胶粘剂符合设计要求，并有合格证和质量证明文件。

2. 粘贴保温板

（1）粘贴保温板时，应自上而下水平铺设。竖向不应有通缝，错缝宽度不宜小于100mm。

（2）粘贴板面尺寸，宽度一般为500mm，长度不应大于750mm。

（3）保温板对缝应紧密，最大缝隙不超过3mm，垂直偏差不应大于3mm，板面平整度偏差不应大于3mm。

（4）胶泥铺盖面积不应小于30%，且应点状均匀布胶，胶泥压实后的厚度控制在2～5mm，以保证粘接牢固，如图1-58所示。

图1-58　保温板粘接牢固

（5）保温板与墙面粘贴时，胶泥应与墙面同时接触，使胶泥与墙面粘贴紧密、均匀，并与粘贴完的保温板齐平，拼缝紧密，如遇一面粘贴不平，应立即取下重贴。

（6）在外墙阳角和门窗洞口阳角两侧粘贴保温板必须相互粘接严密，边缘应满铺粘接胶泥。

（7）在门窗洞口四角用整板切割后粘贴，保证保温板与门窗四角交接处无板缝。在窗口处，保温板应切割成 L 形。

3. 保护层施工

（1）保护层施工必须在保温层施工完毕，待粘贴胶泥强度达到 60%后方可进行。

（2）保护层的一般做法是根据玻璃纤维布的厚度可做成"一布二胶"（一层加强网，二层聚合物胶泥）或"二布三胶"（一层加强网，一层标准网，三层聚合物胶泥）。做保护层前应清净保温板面上的灰尘及附着物，对不平整的保温板缝进行铲平，然后在保温板面抹第一层粘贴胶泥，应按先上后下、先左后右的顺序施抹，施抹宽度为 1.5 倍玻璃纤维布的幅宽，将玻璃纤维布展开拉紧经纬向纤维后，用抹子将网布压入粘贴胶泥层，随之抹外层粘贴胶泥。"一布二胶"的厚度为 3～4mm，"二布三胶"的厚度为 5～6mm，面涂胶泥厚度为 2mm，如图 1－59 所示。

（3）在外墙阳角两侧 100mm 范围内应增做加强网布，如图 1－60 所示。

图 1－59　钢板网粘接固定　　　　图 1－60　窗口阳角粘贴玻璃纤维布

（4）加强网粘接完成后，用钢钉加强固定，钢钉长度应满足保温板厚度，与结构墙体有效钉牢，如图 1－61 所示。

4. 门窗洞口粘贴玻璃纤维网施工

（1）在门窗洞口处粘贴玻璃纤维网布应卷入门窗口四周，并贴至门窗框为止。

图 1-61　钢钉加强固定保温板

（2）在粘贴玻璃纤维网布时，严禁出现纤维松弛不紧，纤维错位、倾斜，网布外鼓，褶皱等现象。网布搭接长度水平方向不得小于 70mm，垂直方向不得小于 50mm。

（3）最外层胶泥抹完后，严禁出现玻璃纤维外露，不得有明显的玻璃纤维网布显影及砂眼、抹纹、接槎等痕迹，表面应平整，如图 1-62 所示。

图 1-62　保温板面层抹灰

5. 保护层养护

（1）做保护层时任何部位严禁使用干水泥。

（2）保护层施工时，严禁阳光曝晒，保护层终凝前严禁水冲。

（3）保护层终凝后应及时喷水连续养生 48～72h，在养生期间严禁撞击和震动。

6. 质量验收

（1）粘贴胶泥配比必须准确，点状布胶面积应符合布胶均匀的要求，粘贴胶泥厚度应符合要求，粘接强度应大于 0.1MPa。

（2）保温层与基体或基层的粘贴，不应有空贴现象，保温板对缝应紧密，缝隙垂直度、平整度应符合要求。

（3）保护层的玻璃纤维网布，经纬向纤维不应倾斜，严禁网布外鼓、皱褶、搭接长度应符合要求，不应出现明显外露、显影、砂眼、接槎等痕迹。

（4）主要控制指标：

1）表面平整度偏差小于等于 3mm；

2）阴、阳角垂直度偏差小于等于 3mm；

3）阴、阳角方正度偏差小于等于 3mm；

4）立面垂直偏差小于等于 4mm；

5）分格条平直度偏差小于等于 4mm。

（四）施工图例

施工图如图 1-63 和图 1-64 所示。

图 1-63　窗口处 L 形保温板

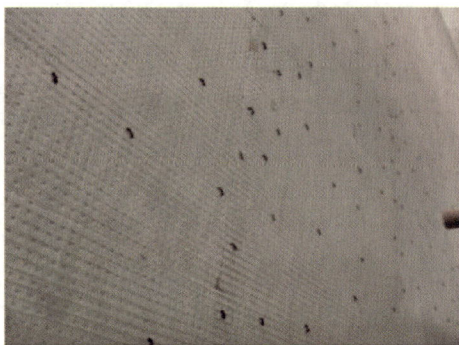

图 1-64　保温板粘贴牢固平整

（五）标准依据

10J121《外墙外保温建筑构造》。

十四、墙体涂料工程

（一）适用范围

适用于升压站工程主控楼及其他建（构）筑物涂料工程。

（二）工艺流程

施工准备→基层处理→刮防水腻子找平→底层封底涂料→中层涂料→面层涂料→涂料清理及保护→质量验收。

（三）施工工序及验收

1. 施工准备

（1）材料准备。所有涂料、胶水等材料应按照设计要求进货，并有合格证。

（2）涂饰工具准备齐全，水电满足施工要求。

（3）涂刷前，检查墙面平整度，对于没有达到的局部墙面标出范围，待基层找平时处理，墙体及垂直度、平整度必小于 3mm。

2. 基层处理

（1）待墙面干燥后，进行墙面孔洞及线槽修补（修补材料采用 108 胶水掺水泥，配合比为 20:100）。

（2）墙面裂缝采用封闭防水材料进行修补，墙面空鼓部分应将砂浆清除，再进行修补，对高低不平的砂浆面层进行打磨，以确保墙面平整。

（3）对墙面污垢及油渍采用洗涤剂洗净，并扫除表面浮砂。

（4）混凝土墙面不平整的部位，应使用聚合物水泥砂浆进行修补，石膏板连接处做成 V 形接缝，在 V 形缝中嵌填专用的掺合成树脂乳液的石膏腻子，并贴接缝带抹压平整。

3. 刮防水腻子找平

对混凝土墙面刮防水腻子找平，要求与基层粘接牢固，无分层空鼓现象，待干燥后用砂纸打磨平整光滑。

4. 底层封底涂料

（1）先局部样板施工，大面积涂刷应在样板验收合格后进行。在涂料滚涂前，进行涂料的稀释处理（按厂家要求处理）。稀释时掺水量应有专人计量。大面积墙面涂刷采用粗毛滚筒从上往下、分段分层进行，门窗等拐角部位应采用细毛刷进行涂刷。

（2）涂刷施工前门窗框应用薄膜遮盖，以免污染门窗框，墙面滚涂应均匀，且不应漏涂。细部涂刷应采用美纹带粘贴，以防止污染，确保线条顺直。

5. 中层涂料

涂刷中层涂料时应在封底涂料完成并干燥后进行，分滚涂、拉毛两步进行。由于主层涂料较厚，采用专用滚涂工具进行施工，分段分层进行滚涂，可以从左往右或从上往下沿同一方向进行。门窗及墙体拐角，滚涂不到的部位，进行点缀施工。滚压后应做到涂料成形厚薄均匀，纹路、花点、大小均匀一致。表面立体感强，拉毛宜在墙面涂料稍干后进行，拉毛后应表面无流坠、色差、溅沫等现象。表面涂层应凸出一致，阴阳角部位涂料附着力强，隆起均匀，无明显疙瘩。门窗侧边拉毛应均匀到位，无漏刷。

6. 面层涂料

面层涂料待中层涂料完成并干燥后进行，涂料应进行稀释，从上往下、分层分段进行涂刷。涂料涂刷后颜色均匀、分色整齐、不漏刷、不透底,每分格应一次性完成。顶层涂料样板如图1-65所示。

图1-65 顶层涂料样板

各层涂料施工前,应检查门、窗、灯具、箱盒及其他易受污染的部位是否得到了有效保护,覆盖完整。

7. 涂料清理及保护

施涂前应清理周围环境,再进行涂饰,防止尘土飞扬污染涂料而影响涂饰质量。涂饰完成后,及时做好成品保护,防止二次污染。

8. 质量验收

(1)涂料工程质量验收以观感为主,涂料的纹路应清晰,颜色均匀一致,应无泛碱、流坠、咬色、刷痕、砂眼,弹性涂料点状分布应疏密均匀,梁柱阴阳角线顺直清晰,门窗口线方正规整。

(2)装饰线条分色直线度允许偏差小于等于1mm。

(四)施工图例

施工图如图1-66和图1-67所示。

图1-66 外墙涂料

图1-67 内墙涂料

（五）标准依据

（1）《电力建设施工质量验收及评定规程 第 1 部分：土建工程》（DL/T 5210.1）。

（2）《建筑装饰装修工程质量验收规范》（GB 50210）。

十五、饰面砖工程

（一）适用范围

适用于升压站工程的主控楼及各类辅助建筑的室内、外墙面砖装饰工程。

（二）工艺流程

施工准备→选砖、浸砖→基层处理→分区、预排、设计绘大样→弹出水平及竖向控制线→面砖镶贴→勾缝、擦缝→表面清洁→质量验收。

（三）施工工序及验收

1. 施工准备

（1）材料准备。

1）根据设计要求，挑选品牌较好、规格一致，形状平整、方正，颜色均匀，无缺棱掉角、开裂、脱釉、翘曲的砖块和各种配件，安排专人按 1mm 的差距选出 3 种规格，分类归堆，便于使用。室内花岗岩进行放射性试验；外墙陶瓷面砖的吸水率应进行试验，寒冷地区外墙陶瓷面砖还应进行抗冻性试验。

2）水泥应采用 32.5 级普通硅酸盐水泥、硅酸盐水泥或矿渣水泥；砂为中粗砂，白水泥为 32.5 级白水泥。混凝土界面处理剂采用 108 胶。

（2）技术准备。

1）做好图纸会审工作。

2）施工前，每个分项工程必须分级进行施工技术交底。技术交底内容要充实，具有针对性和指导性。全体施工人员应参加技术交底并签名，形成书面交底记录。

（3）其他准备。基底必须经过验收无空鼓。墙面有防水要求的房间应做好防水处理。

2. 选砖、浸砖、基层处理

铺贴前，选用色泽一致、外观完整的面砖。根据砖体湿度，对砖体进行浸泡，并对铺贴的部位做好基层处理。

3. 分区、预排、设计绘大样

根据墙面抹灰后的尺寸，对整个建筑物进行分区，并对面砖的品种、规格、颜色、图案、排列方式、分格、墙面凹凸部位等使用计算机进行预排设计。按照

"天地通"的原则进行排砖（墙面砖缝与地面砖缝在一条线上），预排时应注意非整砖宽度不得小于整砖高度或宽度的 1/3。门窗口两侧砖尽量对称，不得出现小于整砖高度或宽度的 1/3。内墙面面砖对缝施工如图 1-68 所示。

图 1-68　内墙砖墙面砖对缝施工

4. 弹出水平及竖向控制线

根据设计大样，弹出水平及竖向控制线，弹控制线时应与水电专业结合，预先做好水龙头、蹲便器冲水口、开关、插座等墙面设施，开关盒、管道等处应用整砖套割。套割应准确，边角圆顺。其位置必须在整块墙砖的中心，同一高度的必须在一条水平线上，开关位置如图 1-69 所示。

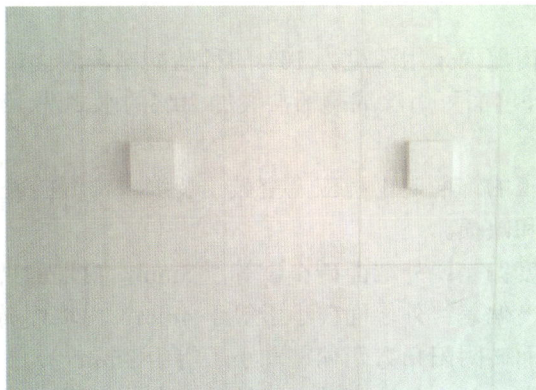

图 1-69　内墙砖开关位置居中于整块墙砖

5. 面砖镶贴

（1）砖墙面要提前一天湿润好，混凝土墙可以提前 3～4h 湿润，瓷砖要在施工前浸水，浸水时间不少于 2h，然后取出晾至手按砖背无水渍方可贴砖。

（2）镶贴用 1:2 水泥砂浆，可掺入不大于水泥用量 15%的石灰膏，砂浆内加入 20%的 108 胶水，砂子采用中细砂过筛，施工环境温度宜在 5℃以上。砂浆厚度为 5～6mm，以铺贴后刚好满浆为止。

（3）粘贴 8～10 块面砖后，用靠尺板检查表面平整并用卡子将缝拨直。阳角拼缝可用云石机或磨砂机将面砖边沿磨成 45°斜角，保证接缝平直、密实。扫去表面灰浆用卡子划缝，并用棉丝拭净，贴完一面墙后要将横竖缝内灰浆清理干净。阴角应大面砖压小面砖，并注意考虑主视线方向，确保阴阳角处格缝通顺。厕所、洗浴间缝隙宜采用塑料十字卡控制。

（4）室外面砖一般自上往下镶贴，根据墙面排版设计，在找平层上从上往下弹出水平及竖向控制线。根据墙面弹线及灰饼厚度，设置控制线。镶贴时，在面砖背面满铺粘接砂浆，镶贴后，用小铲把轻轻敲击，使之与基层粘接牢固，并用靠尺、方尺随时找平。贴完一皮后须将砖上口灰刮平，表面清理干净。

6. 勾缝、擦缝

内墙瓷砖贴完 3～4h 后，用白水泥浆涂满缝隙，再用棉砂蘸浆将缝隙擦平实，待稍有强度后，用镏子勾缝。镏子可采用宽度为 3mm 的不掉色塑料圆线，保证平滑凹缝宽度为 1～2mm，但必须一致。彩色面砖可加适量颜料调成色浆擦缝。缝镏完后要浇水养护。

外墙面砖一般使用特制的钢筋钩勾缝，缝隙宽度控制在 10mm 左右，且不小于 8mm。面砖镶贴完成一定流水段落后，立即用勾缝剂勾缝。先勾水平缝再勾竖向缝，勾好后要凹进面砖外表面 3mm。

7. 表面清洁

工程完工后，内墙面采用浓度为 10%的稀盐酸刷洗表面，并随手用水清洗，用棉丝进行清洁。外墙面可用丝绵蘸稀盐酸加 20%的水刷洗，然后用压力水冲净。

8. 质量验收

（1）满粘法施工的饰面砖工程应无空鼓、裂缝。饰面砖表面应平整、洁净、色泽一致，无裂痕和缺损。

（2）立面垂直度偏差：外墙面砖小于等于 3mm，内墙面砖小于等于 2mm。

（3）表面平整度偏差：外墙面砖小于等于 4mm，内墙面砖小于等于 3mm。

（4）内、外墙面砖阴阳角方正偏差均小于等于 3mm。

（5）接缝直线度偏差：外墙面砖小于等于 3mm，内墙面砖小于等于 2mm。

（6）接缝高低差偏差：外墙面砖小于等于 1mm，内墙面砖小于等于 0.5mm。

（7）接缝宽度偏差：内、外墙面砖均小于等于 1mm。

（8）内墙砖与地砖对缝，墙面设施居中对称。

（四）施工图例

施工图如图 1－70～图 1－72 所示。

图 1－70　内墙砖缝与门缝相对

图 1－71　墙地砖通缝，墙面设施居中对称

图 1－72　外墙砖

（五）标准依据

（1）《电力建设施工质量验收及评定规程　第 1 部分：土建工程》（DL/T 5210.1）。

（2）《建筑装饰装修工程质量验收规范》（GB 50210）。

十六、平台、楼梯栏杆工程

（一）适用范围

适用于升压站建（构）筑物的平台、楼梯的栏杆和扶手的制作和安装。

（二）工艺流程

施工准备→放线→预埋件安装→焊接立柱→焊接扶手→抛光→质量验收。

（三）施工工序及验收

1. 施工准备

（1）材料准备。不锈钢栏杆的规格、尺寸、形状应符合设计要求，一般壁厚不小于 1.5mm，以钢管为立杆时壁厚不小于 2mm。

（2）技术准备。

1）做好图纸会审工作。

2）施工前，每个分项工程必须分级进行施工技术交底。技术交底内容要充实，具有针对性和指导性。全体施工人员应参加技术交底并签名，形成书面交底记录。

（3）机具准备。包括电焊机、焊机、焊丝、抛光机、抛光蜡、电锤、切割机、云石机、手提电钻、螺丝刀、方尺等。

2. 放线

按设计要求，将固定件间距、位置、标高、坡度进行找位校正，弹出栏杆纵向中心线和分格线。

3. 预埋件安装

应按立杆位置进行预埋，焊接前应检查预埋件的标高及位置。

4. 焊接立杆

焊接立杆与预埋件应放出上下两条立杆位置线，每根主立杆应先点焊定位，进行立杆垂直度检查之后，再分段满焊，焊缝符合设计要求及施工规范规定。焊接后应及时清除焊渣，并进行防锈处理。栏杆间距、安装位置必须符合设计及施工规范要求，护栏安装必须牢靠，其高度不得低于 1050mm，且不应大于 1200mm，同时应在底边设置高度为 100mm 的栏板。

5. 焊接扶手

焊接扶手时，应先点焊，检查位置间距、垂直度、直线度是否符合要求，再两侧同时焊满。焊缝一次不宜过长，防止钢管受热变形。方、圆钢管立杆焊接后，其位置间距、垂直度、直线度应符合质量要求。扶手平直段高度不得低于 1050mm。

6. 抛光

不锈钢管表面抛光时应先用粗片进行打磨，如表面有砂眼不平处，可用氩弧焊补焊，大面磨平后，再用细片进行抛光。抛光处的质量效果应与钢管外观一致，栏杆抛光后示例如图 1－73 所示。

方、圆钢管焊缝打磨时，必须保证平整垂直。经过防锈处理后，焊接焊缝及表面不平、不光处可用原子灰补平、补光，若是铁艺栏杆应按设计要求喷漆。

注意：金属栏杆应设置可靠接地。

图 1－73　不锈钢栏杆

7. 质量验收

（1）护栏垂直度允许偏差小于等于 2mm。

（2）栏杆间距允许偏差小于等于 3mm。

（3）扶手直线度允许偏差小于等于 4mm。

（4）扶手高度允许偏差小于等于 3mm。

（四）施工图例

施工图如图 1－74 和图 1－75 所示。

图 1－74　室外楼梯扶手

图 1－75　室内楼梯扶手加挡板

（五）标准依据

（1）《电力建设施工质量验收及评定规程　第 1 部分：土建工程》（DL/T 5210.1）。

（2）《建筑装饰装修工程质量验收规范》（GB 50210）。

十七、室内给水工程

（一）适用范围

适用于升压站工程建（构）筑物室内给水工程。

（二）工艺流程

施工准备→给水管道预留、预埋→给水管道支架制作、安装→给水干管安装→给水立管安装→给水支管安装→给水管道压力试验→管道防腐和保温→管道冲洗→管道通水试验→水质检验→质量验收。

（三）施工工序及验收

1. 施工准备

（1）技术准备。

1）做好图纸会审工作。

2）施工前，每个分项工程必须分级进行施工技术交底。技术交底内容要充实，具有针对性和指导性。全体施工人员应参加技术交底并签名，形成书面交底记录。

（2）材料准备。

1）给水管道及管件质量标准应符合设计要求，镀锌管内外镀锌均匀，无锈蚀、无毛刺。

2）消防系统管材无弯曲、锈蚀、凹凸不平等现象。

3）消防栓箱体的规格与型号应符合设计图要求，箱体表面平整、光洁、无锈蚀划伤，箱体开关灵活，箱体方正、配件齐全，栓阀外形规矩、无裂纹，启闭灵活，关闭严密，密封填料完好。

4）水表规格符合设计图要求，表壳铸造规矩，无砂眼、裂纹，玻璃盖无损坏，铅封完整。

5）阀门的规格符合设计要求，阀体铸造规矩，表面光滑、无裂纹，开关灵活，关闭严密，填料密闭完好、无渗漏，手轮完好、无损坏。阀门安装前，应做强度和严密性试验，试验应在每批（同牌号、同型号、同规格）数量中抽查10%，且不少于一个；对于安装于主干管上的阀门，应逐个做强度和严密性试验。

6）乙烯给水管材、管件、支架、胶粘剂有产品合格证及说明书，管道规格尺寸应与卫生洁具连接适宜，并有产品合格证及说明书。管材内外表层光滑、无气泡、无裂纹，管壁厚度均匀、色泽一致，直管度不大于 1%。管件造型规矩、光滑、无毛刺，承口应有锥度，并与插口配套。管材堆放时地面要平，如果上架应多设几个支点防止管子变形，冬季防止冻坏，夏季防止曝晒。

2. 给水管道预留、预埋

室内给水管道与土建同步进行预留孔洞及预埋件的施工。根据图纸要求，在土建绑扎钢筋时，将预埋模盒及套管用钢丝捆绑在钢筋上，经检查后，交土建进行模板施工，管模内采用纸团堵塞，安装模板及浇筑混凝土时，有专人看护，防止移位。

3. 给水管道支架制作、安装

给水管道的支架形式可分为吊架、托架和卡架三种。吊架和托架为水平管道上安装，而立管装设卡架。砖墙安装支架前应清除墙洞内灰尘，浇水湿润，将支架伸入墙上预留洞内，填塞用 M5 水泥砂浆，要填塞饱满。混凝土板面及混凝土墙、柱采用膨胀螺栓紧固支架。支架埋入墙内尺寸根据支架形式、管径而定，一般埋入 150～200mm。预制支架要求除锈并刷防锈漆。

4. 给水干管安装

（1）给水管道的安装从总管入口开始，总管至水表井应有坡度，坡向水表井。

（2）安装后找直、找正，复核甩口的位置、方向及变径。所有管口要加好临时丝堵。安装伸缩器按规定做预拉伸，待管道固定卡件安装完毕后，除去预拉伸的支撑物，调整好坡度。

（3）埋地干管在回填土前进行水压试验，并做隐蔽验收。埋地干管不得有活接头，埋地管道回填时，采取保护措施。

5. 给水立管安装

给水立管安装（明装）：每层从上往下统一安装卡件，将预制好的立管按编号分层校核预留甩口的高度、方向是否正确。外露丝扣和镀锌层破损处刷防锈漆。支管甩口处均加临时丝堵。立管阀门安装朝向应便于操作和维修。安装后用线坠吊直找正，配合土建堵好楼板洞。

6. 给水支管安装

（1）支管明装。将预制好的支管从立管甩口依次进行安装，根据管道长度适当加好临时固定卡，核定不同卫生器具的冷热水预留口的高度、位置是否正确后上临时丝堵。

（2）支管暗装。支管敷设在墙内，找平、找正定位后再用勾钉固定，冷热水预留口做在明处，加丝堵。暗装管道应使用大小头变径，暗装管道不得有活接头。各分支管口应结合土建装修按照内墙砖排版设计，留设在整块砖居中对称位置。

1）水表安装。水表前后直线段超过 30cm 应煨弯，沿墙敷设。

2）消火栓及支管安装。支管以栓阀的坐标、标高定位甩口，栓口朝外，离地 110cm，栓阀装在箱体内时应在箱门开启的一侧，箱门开启应灵活。

7. 给水管道压力试验

暗装、保温的给水管道在隐蔽前应进行单项水压试验，管道系统安装完成后再进行综合水压试验。水压试验时应先放尽管道内的空气，待管道充满水后，对管道进行外观检查，检查管壁及接口无渗漏后，再持续加压，当压力升到试验值时停止加压（试验值为工作压力的 1.5 倍，但不得小于 0.6MPa），15min 不渗漏为合格。

8. 给水管道防腐和保温

给水管道的防腐均按设计要求及规范施工，所有型钢支架及管道镀锌层破坏处和外露丝扣要补刷防锈漆。给水管道的保温有管道防结露保温、管道防冻保温、管道防热损失保温三种形式。其保温材质及厚度均符合设计要求，质量达到国家规范的标准。

9. 管道冲洗

管道在试压完成后应进行冲洗，冲洗以设计提供的系统最大流量进行。用自来水连续冲洗，直至各出水口水色透明度与进水时目测一致为合格。

10. 管道通水试验

管道系统交付使用前必须做通水试验，同时开启最大数量的配水点，能否达到额定流量。

11. 水质检验

对于生活饮用水，应在首次通水管口接取水样，进行水质化验。

12. 质量验收

（1）生活给水系统管道在交付使用前必须冲洗和消毒，并经有关部门取样检验，符合《生活饮用水卫生标准》GB 5479 的规定后方可使用。

（2）给水水平管道应有 2‰～5‰的坡度坡向泄水装置。

（3）引入管与排出管水平净距大于等于 1m。

（4）平行敷设水平净距大于等于 0.5m。

（5）交叉敷设垂直净距大于等于 0.15m。

（6）消防箱应进行编号。

（四）施工图例

施工图例如图 1-76 所示。

图 1-76　给水安装

（五）标准依据

（1）《电力建设施工质量验收及评定规程 第 1 部分：土建工程》（DL/T 5210.1）。

（2）《建筑给水排水及采暖工程施工质量验收规范》（GB 50242）。

（3）《生活饮用水卫生标准》（GB 5479）。

十八、室内排水工程

（一）适用范围

适用于升压站及其他建（构）筑物室内排水工程。

（二）工艺流程

施工准备→排水管道预留、预埋→排水管道支架制作、安装→排水干管安装→排水立管安装→排水支管安装→排水管道灌水试验→卫生器具安装→通球试验→质量验收。

（三）施工工序及验收

1. 施工准备

（1）技术准备。

1）做好图纸会审工作。

2）施工前，每个分项工程必须分级进行施工技术交底。技术交底内容要充实，具有针对性和指导性。全体施工人员应参加技术交底并签名，形成书面交底记录。

（2）材料准备。

1）阀门的规格符合设计要求，阀体铸造规矩、表面光滑、无裂纹、开关灵活、关闭严密，填料密闭完好、无渗漏，手轮完好、无损坏。阀门安装前，应做强度和严密性试验，试验应在每批（同牌号、同型号、同规格）数量中抽查 10%，且不少于一个；对于安装于主干管上起切断作用的闭路阀门，应逐个做强度和严密性试验。

2）硬质聚氯乙烯排水管材、管件、支架、胶粘剂有产品合格证及说明书，管道规格尺寸应与卫生洁具连接适宜，并有产品合格证及说明书。管材内外表层光滑，无气泡、裂纹，管壁厚度均匀、色泽一致，直管度不大于 1%。管件造型规矩、光滑、无毛刺、承口应有锥度，并与插口配套。

2. 排水管道预留、预埋

室内排水管道与土建同步进行预留孔洞及预埋件的施工。预埋防水套管有刚性防水套管和柔性防水套管两种，应严格按设计执行。根据图纸要求，在土建绑扎钢筋时，将预埋模盒及套管用钢丝捆绑在钢筋上，经检查后，交土建进行模板施工，管模内采用纸团堵塞，安装模板及浇筑混凝土时，有专人看护，防止移位。

3. 排水管道支架制作、安装

（1）给排水管道的支架形式分为吊架、托架和卡架三种。吊架和托架为水平管道上安装，而立管装设卡架。管道安装时应根据设计要求定出支架形式、支架的位置，再按管道的标高及同一水平直管两点间的距离和坡度大小，算出两点间的高差，然后在两点之间拉直线，按照支架之间的间距，在墙的柱子上画出每个支架的位置。

（2）砖墙安装支架前应清除墙洞内的灰尘，浇水湿润，将支架伸入墙上预留洞内，填塞用 M5 水泥砂浆，要填塞饱满。混凝土板面及混凝土墙、柱采用膨胀螺栓紧固支架。

（3）支架埋入墙内尺寸根据支架形式、管径而定，一般埋入 150～200mm。支架要求除锈并刷防锈漆，支架尾部埋墙部分为 100mm，可以不刷防锈漆。U 形卡的选用参照国家标准图集 03S402。角铁的选用根据不同用途的管道按设计要求或采用国家标准图集 03S402 中规定的型钢规格。

4. 排水干管安装

按设计坐标、标高、坡向做好托、吊架。施工条件具备时，将预制加工的管子，按编号运至安装部位进行安装。各管子粘接时也必须按粘接工艺依次进行。管道全部粘连后，坡度均匀，各预留口位置准确。干管安装完成后应做闭水试验，出口应用充气橡胶堵封闭，做到不渗漏，5min 内水位不下降为合格。托吊管粘牢后在近流水方向找坡度，最后将预留口封严和堵洞。地下埋设管道，根据图纸要求的坐标、标高，预留槽洞预埋套管，而后开挖沟槽并夯实，回填时应先用细砂回填至管道上皮 100mm，回填土应过筛，夯实时勿碰损管道，如图 1－77 所示。

图 1－77　排水管道

5. 排水立管安装

（1）立管按设计要求安装伸缩节，无设计要求时应按规范要求将伸缩节置于三通下方（如三通在楼板上面则置于三通上方），立管穿楼板处固定，安装前首先清理上次已预留的伸缩节，将锁母拧下，取出 U 形胶圈，清理杂物，复查顶板洞口是否合适。立管插入端应先划好插入长度标记，然后用力插至标记为止（一般预留胀缩量为20～30mm）。顶板洞口合适后即用自制U形钢制抱卡紧固于伸缩节上沿。然后找正、找直，并测量顶板与三通口的距离是否符合要求；无误后即可堵洞，并将上层预留伸缩节封严。

（2）立管伸缩节在楼层层高不大于4m时，排水立管和通气立管每层设一伸缩节；层高大于4m时，其数量应根据管道设计伸缩量和伸缩节允许伸缩量计算确定。

6. 排水支管安装

（1）横支管上伸缩节安装于三通汇流处上游。将支管运至场地，清除各粘接部位的污物及水分。将支管水平初步吊起，涂抹胶粘剂，用力推入预留管口，根据管道长度调整好坡度，合适后固定卡架，封闭各预留管口和堵洞。

（2）器具连接管装。核查建筑物地面、墙面做法、厚度。找出预留口坐标、标高。然后按准确尺寸修整预留洞口，分部位实测尺寸做记录，并预制加工、编号。安装粘接时必须将预留管口清理干净，再进行粘接，粘牢后找正、找直，封闭管口和堵洞。

（3）明设排水横支管管径不小于110mm，接入管井处应采取防止火灾穿透的措施。直线管长大于2m时应设伸缩节，但最大净距不得大于4m。

7. 排水管道灌水试验

埋地管道、管井内立管、吊顶内横支管及有防结露要求的管道在隐蔽前需进行灌水试验。灌水高度以排水水平横管至上层地面高度为准，灌水15min后，再次灌水持续观察5min，液面不下降、不渗漏为合格。卫生间支管灌水试验，将气囊安设在检查口上方（无检查口的将气囊接根5m长的气管，将气囊从上层检查口慢慢往下放，放至三通下方即可），试压后办理工序交接手续及隐蔽检验手续。

8. 卫生洁具安装

（1）卫生洁具的安装应布置好冷热水和排水管的接口位置，卫生洁具进场时要验收，检查外表应光滑、造型周正、边缘平滑、无棱角毛刺、无裂纹、色调一致、零配件外表光滑、电镀均匀、螺纹清晰、锁母松紧适度、无砂眼、无裂纹。

（2）卫生洁具安装要平、稳、牢、准、不漏，使用性能良好，在安装前应与土建装修结合，保持卫生洁具与砖的对称性，卫生洁具应进行满水和通水试验，不渗漏为合格。做满水排泄试验时，卫生洁具应放满水，达到溢水之后，检查溢水口是否通畅，如图1-78所示。

（3）排水栓和地漏应平正、牢固，低于排水表面，周边无渗漏。地漏水封高度不得小于50mm。地漏应安装在整块地砖的中心，如图1-79所示。

9. 通球试验

卫生洁具做完满水排泄试验后进行通球试验，用轻质易碎塑料球，其外径为

图 1-78　蹲便器居中对称安装

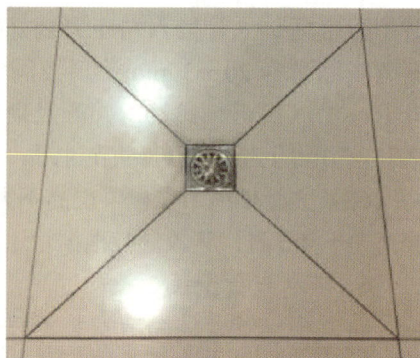

图 1-79　地漏安装在整块砖中心

管道内径的 2/3~3/4。干管通球时，放球地点在首层立管检查口，室外排水井已做好，接球地点在室外。通球时，撤除立管内防堵子，在排水立管首层扫除口处设铁线网接球，从屋面透气帽处放入塑料球，通球完毕后各敞口处封堵，防止土建装修掉入杂物。

10. 质量验收

（1）常用管道排水坡度。

1）铸铁管径 100mm，标准排水坡度 20‰，最小排水坡度 12‰。

2）塑料管径 110mm，标准排水坡度 12‰，最小排水坡度 6‰。

3）铸铁管径 125mm，标准排水坡度 15‰，最小排水坡度 10‰。

4）塑料管径 125mm，标准排水坡度 10‰，最小排水坡度 5‰。

5）铸铁管径 150mm，标准排水坡度 10‰，最小排水坡度 7‰。

（2）立管垂直度小于等于 3mm/m。

（四）施工图例

施工图例如图 1-80 和图 1-81 所示。

图 1-80　卫生洁具安装实例

图 1-81　地漏安装实例

（五）标准依据

（1）《电力建设施工质量验收及评定规程　第 1 部分：土建工程》（DL/T 5210.1）。

（2）《建筑给水排水及采暖工程施工质量验收规范》（GB 50242）。

十九、建筑电气、防雷与接地工程

（一）适用范围

适用于升压站工程的主控楼及其他等建（构）筑物室内照明、防雷与接地工程。

（二）工艺流程

（1）建筑电气工程。其工艺流程为施工准备→穿线管敷设→管内穿线→放线及断线→导线连接→配电箱安装→开关、插座安装→通电试运行→灯具安装→室内电缆桥架安装→质量验收。

（2）防雷与接地工程。其工艺流程为施工准备→接地网安装→接地装置安装→接地→接地电阻测试→质量验收。

（三）施工工序及验收

1. 施工准备

（1）做好图纸会审工作。

（2）施工前，每个分项工程必须分级进行施工技术交底。技术交底内容要充实，具有针对性和指导性。全体施工人员应参加技术交底并签名，形成书面交底记录。

2. 建筑电气施工流程及质量控制

（1）穿线管敷设。管路敷设可分为现浇板内管路敷设、吊顶内管路敷设及墙体内管路敷设。电气管道预埋如图 1-82 所示。

1）管路连接。使用与管路配套的套管和专用胶粘剂，连接前清除连接管端的灰尘，保证粘接部位清洁干燥，用小毛刷涂抹胶粘剂。涂好胶粘剂后平稳插入套管中，插接要到位，用力转动套管，确保连接牢靠，套管连接的管路应保持平直。吊顶内预埋如图 1-83 所示。

2）管路与灯头盒连接。使用配套的盒接头和胶粘剂，根据两个灯头盒位置，截取适当长度，把盒接头的一端插入盒内，并用配套锁母固定。

3）管路切断。管路可根据直径大小采用专用剪管器或钢锯锯断，并将管路内外的毛刺修整平齐。管路切断后不能留有斜口、不能变形。

4）管路弯曲。直径为 25mm 以下的管路，使用配套的弯管弹簧，将弹簧伸

图 1-82　电气管道预埋

图 1-83　吊顶内预埋

入管内需煨弯位置，用膝盖顶住被弯部位，两端用力渐煨出所需要的弯度，注意不能用力过快，以免管路发生变形。如果管路长度大于弯管弹簧的两端位置，可用铁丝拴牢弹簧的一端，拉到合适位置，再进行大煨弯。对于直径为 32mm 以上的管路，可以采用热弯法，将管路内采用细砂灌满，堵住两端管口，采用电炉或热风机对弯曲部位均匀加热，加热到可以弯曲时，逐步弯出所需要的弯度，然后用湿布抹擦弯曲部位使其冷却定位。

根据吊杆位置钻孔，孔内放入膨胀管，用螺栓将加工好的吊杆与之固定。

管路在吊顶内敷设时应根据管路大小，加工相应的抱式管卡，将加工好的管子套入抱式管卡内与顶板上固定的吊杆连接。当吊顶内管路管径较大，且管路较多时，应采用吊架安装固定，吊顶内管路配管管径较小时，可利用轻钢龙骨固定。

（2）管内穿线。将布条的两端牢固地绑扎在带线上，两人来回拉动带线，将管内的浮尘、泥水等杂物清除干净。管内穿线采用 $\phi1.2 \sim \phi2.0$mm 铁丝，头部弯成不封口的圆圈，将带线穿插入管路内，管口留有 10～15mm 的余量。管内穿线时，洒入适当的滑石粉，两人同时作业，一拉一送，配合穿线。在管路较长转弯时，可在结构施工敷设管路的同时将带线一并穿好并留有 15mm 的余量。

（3）放线及断线。放线前应根据施工图核对导线的规格、型号。放线时将带线置于放线架上，将导线线芯直接与带线绑回头压实绑扎牢固，形成一个平滑的锥体过渡部位。剪断导线时各种接线盒内导线的预留长度为 15cm，配电箱内导线的预留长度为箱体周长的 1/2，出户导线的预留长度为 1.5m。

（4）导线连接。导线连接时，必须先削掉绝缘层，去掉导线表面氧化膜，再进行连接、加锡焊、包缠绝缘。

（5）配电箱安装。根据预留洞口尺寸，先将箱体找好标高及水平尺寸，核对入箱的管路长短是否合适，间距是否均匀，排列是否整齐等。根据各个管路的位置用液压开孔器进行开孔，开孔完毕后，将箱体按标定的位置固定牢固，最后用水泥砂浆填实周边并抹平齐。如箱底与外墙平齐，应在外墙固定金属网后再做墙面抹灰，不得在箱底板上直接抹灰。配电箱安装应方正平直，高度符合设计要求，多个配电箱在一排时，应安装在同一高度，如图1-84所示。

图1-84 配电箱安装

（6）开关、插座安装要求。

1）清理。清除盒内残存砂浆及其他杂物，擦拭盒内及导线灰尘及污染物。

2）接线。开关接线时，应将盒内导线理顺，依次接线后，将盒内导线盘成圆圈，放置于开关盒内。

3）插座接线规定。单相两孔插座有横装和竖装两种。横装时，面对插座的右极接相线，左极接中性线；竖装时，面对插座的上极接相线，下极接中性线。

接线时，先将盒内留出，150～200mm，削去绝缘层，注意不要碰伤线芯，如开关、插座内为接线柱，将导线按顺时针方向盘绕在开关、插座对应的接线柱上，然后旋紧压头。将线芯折回头插入圆孔接线端子内（孔径允许压双线时），再用顶丝将其压紧，注意线芯不得外露。

（7）开关插座安装、暗装。开关边缘应距门框边缘150～200mm。按接线要求，将盒内甩出的导线与开关、插座的面板连接好，将开关、插座推入盒内，对正盒眼，螺栓固定牢固。固定时要使面板端正，并与墙面平齐。面板安装孔上有装饰帽的应一并装好。多个面板安装时，应控制在同一高度，如是贴砖墙面，应安在整块砖的中心。开关及插座等面板需贴标签，如图1-85所示。贴砖墙面开关安装实例如图1-86所示。

（8）通电试运行。通电试运行前，按单元用户进行一次绝缘电阻测试并做好记录。绝缘电阻测试合格后通电试运行，检查漏电开关是否跳闸，插座接线是否正确，面板是否水平，是否被污染，并做好记录。

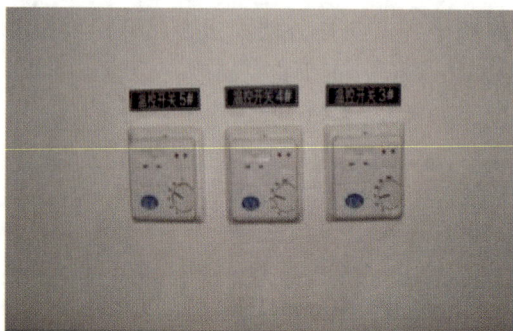

图1-85　贴标签开关实例

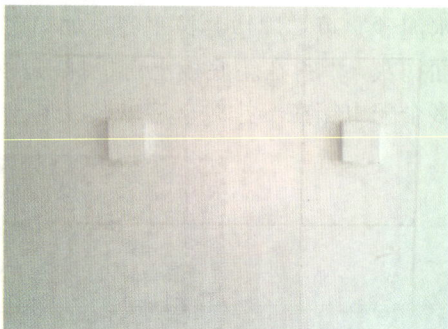

图1-86　贴砖墙面开关实例

（9）灯具安装。灯具安装前应熟悉电气安装图纸，灯具的型号规格、数量要符合设计要求。在易燃、易爆场所应采用防爆式灯具，有腐蚀性气体及特别潮湿的场所应采封闭式灯具。安装电气照明装置一律采用埋接线盒、吊钩、螺钉、膨胀螺栓等固定方法，严禁使用木楔固定。电气照明装置的接线应牢固，需接地、接零的灯具、非带电金属部分应有明显的专用接地螺栓。每个灯具固定用的螺钉可靠连接，其保护接地线面应根据灯具的相面选择。

1）嵌入式灯具安装。嵌入式灯一般安装在吊顶的罩面板上，应采用曲线锯挖孔。灯具与吊顶面板保持一致。小型灯具可安装在龙骨上，大型嵌入式灯具安装时则应采用在混凝土板中伸出支承铁架、铁件相连接的方法，如图1-87所示。

2）顶棚开口的灯具安装。灯具安装时应熟悉灯具样本，了解灯具的形式及连接构造，以便确定埋件位置和开口位置的大小。大的吸顶式灯具可在龙骨上需要补强部位增加附加龙骨，做成圆开口或方开口。吸顶式灯具安装如图1-88所示。

图1-87　嵌入式灯具安装

图1-88　吸顶式灯具安装

3）有吊顶的房间安装灯具。在吊顶安装完后，根据灯具的安装位置进行弹线，确定灯具支架固定点位置。

4）没有吊顶的房间安装灯具。可采用不锈钢或铝合金吊管加灯带的方式安装。要求灯具纵横向排列顺直，高度一致，禁止出现两端高度不一致的现象，如图1-89所示。

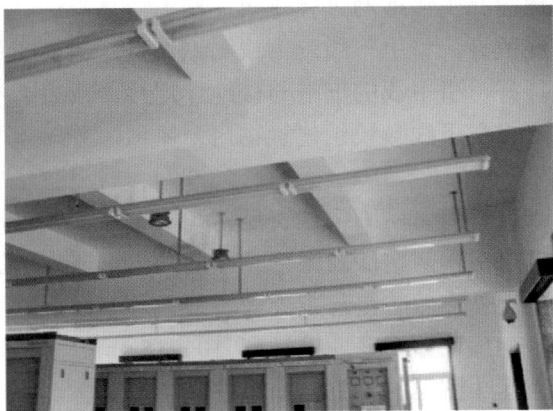

图1-89　没吊顶房间灯具安装

5）通电试运行。灯具安装完毕，各个支路的绝缘电阻遥测合格，并做好记录。绝缘电阻测试合格后通电试运行，通过时间为24h，通电后每8h仔细检查和记录电流、电压各一次，全程共记录四次。同时检查灯具的控制是否灵活、准确。

（10）室内电缆桥架安装。电缆桥架是指金属电缆梯架、金属电缆托盘及金属线槽的统称。

1）划线定位。根据设计图和施工方案，从电缆桥架始端至终端（先干线后支线）找好水平线或竖向线（建筑物如有坡度，电缆桥架应随其坡度），确定并标出支撑物的具体位置。

2）固定件安装。根据弹线位置确定桥架固定件位置，采用电钻钻孔，钻孔后将套管埋入顶板或砖墙内，并采用膨胀螺栓固定桥架支撑件。

3）桥架支撑件安装。桥架支撑件采用尺寸不小于30mm×3mm的扁钢，扁钢规格不小于25mm×25mm×3mm，或不小于ϕ8mm的圆钢。支架应做好防腐处理。支架与吊架在安装时应挂线或弹线找直，用水平尺找平，以保证安装后横平竖直。

4）梯架、托盘、线槽安装。

a. 梯架、托盘、线槽用连接板连接，用垫圈、弹线、螺母紧固，螺母应位于梯架、托盘、线槽外侧。

b. 桥架与电气柜、箱、盒接槎时，进线和出线口处应用抱脚连接，并用螺栓紧固，末端应加装封堵。

c. 桥架经过建筑物的变形缝（伸缩缝、沉降缝）时，桥架本身要断开，槽内用连接板搭接，一端不需固定。

d. 电缆桥架在穿过防火楼板时，应采取防火隔离措施。

3. 防雷及接地工程施工质量控制

（1）建筑物接地应和主接地网进行有效连接。

（2）防雷引下线敷设。将引下线扁钢或圆钢调直，运至安装地点，按设计要求随建筑物引上、挂好，引下线的下端与接地体焊接，或与断接卡子连接，随着建筑物的逐步增高，将引下线敷设于建筑物内至屋顶，并出屋面一定长度，以备与避雷网连接。

（3）避雷网安装。将避雷网圆钢调直后，与防雷引下线焊接连接成一体。敲掉焊接药皮，进行调直后刷防锈漆及银粉。屋面凸出部分应增加避雷网与主避雷网焊接成一体，变形缝外应做防雷跨越处理。

（4）室内接地扁钢离墙体距离应控制在 10～15mm，固定扁钢的螺栓丝扣外露长度一致，一般外露 3 圈丝扣为宜，多余的应切掉磨平。所有接地都必须粘贴接地标识。室外爬梯接地如图 1–90 所示。

（5）主接地网安装按设计要求进行施工，铜板接地可采用火熔泥焊接安装，焊口应光润饱满，如图 1–91 所示。

图 1–90　室外爬梯接地

图 1–91　主接地网焊接

（6）室内设备必须与主接地网有效连接并粘贴接地标识，需要接地的项目一般为室外设备（包括变压器、各种控制柜箱）、构支架、爬梯及空调、风机塔筒、铁塔、避雷针、灯杆、视频杆等。

4. 质量验收

按照《电力建设施工质量验收及评定规程　第 1 部分：土建工程》（DL/T 5210.1）进行质量验收。

（1）开关、插座面板安装应高低一致，加设标签，居中对称墙砖。

（2）控制箱高度合理，方正规整，加贴标签。

（3）接地扁钢离墙距离宜在 10～15mm，螺栓丝扣长短一致，露 2～3 道丝扣为宜。

（4）室外设备接地齐全，接地标识粘贴规范合理。

（四）施工图例

施工图例如图 1-92～图 1-95 所示。

图 1-92　灯具安装

图 1-93　设备杆接地

图 1-94　接地标识

图 1-95　路灯杆接地

（五）标准依据

（1）《电力建设施工质量验收及评定规程　第 1 部分：土建工程》（DL/T 5210.1）。

（2）《建筑电气工程施工质量验收规范》（GB 50303）。

二十、室外给排水工程

（一）适用范围

适用于升压站内的排水和绿化给水工程。

（二）工艺流程

施工准备→沟槽开挖与验收→给排水管道基础→管道铺设→雨水井及检查井施工→给水管道压力试验、排水管做灌水试验→给排水管道土方回填质量验收。

（三）施工工序及验收

1. 施工准备

（1）材料准备。

1）镀锌给水管及管件质量标准应符合《低压流体输送用焊接钢管》（GB/T 3091）的规定，其规格符合设计要求，管内外镀锌均匀，无锈蚀、无毛刺。

2）水表规格符合设计图要求，表壳铸造规矩，无砂眼、裂纹，玻璃盖无损坏，铅封完整。

3）阀门规格符合设计要求，阀体铸造规矩、表面光滑、无裂纹、开关灵活、关闭严密，填料密闭完好、无渗漏，手轮完好、无损坏。

4）硬质聚氯乙烯管材、管件、支架、胶粘剂有产品合格证及说明书，管材内外表层光滑，无气泡、裂纹，管壁厚度均匀、色泽一致，管件造型规矩、光滑、无毛刺。

（2）技术准备。

1）做好图纸会审工作。

2）施工前，每个分项工程必须分级进行施工技术交底。技术交底内容要充实，具有针对性和指导性。全体施工人员应参加技术交底并签名，形成书面交底记录。

2. 沟槽开挖与验收

（1）测量放线。室外地下管线采用坡度板法施工，由测量人员设置坡度板，给水管不超过 20m 设置一个，排水管每隔 10m 设置一个。若遇有阀门、消火栓、三通、检查井等处增设坡度板。坡度板之间中心线为管道轴线位置，坡度板之间高程钉的连线为管内底部的平行坡度线。

（2）沟槽开挖。根据沟管的种类、沟管断面尺寸、水文地质情况、施工方法和管道埋深等情况，合理选用沟槽断面开挖形式。沟槽开挖采用人工开挖和机械开挖两种方式。机械开挖应控制开挖深度，沟槽底土方预留厚 0.2～0.3m 的土层。人工开挖应控制人与人之间施工距离，确保开挖时不发生相撞。沟槽土方开挖时应分层分段进行，从坡度板坡度线尺量控制沟槽底标高。清除沟槽软弱土层，加深部位采用灰土或黏土分层回填夯实。清除沟底积水并晾干。

3. 给排水管道基础

（1）管道基础包括平基与管座两部分，管座包角有 90°、180°、360°。

（2）平基混凝土模板安装前，抽取沟底积水，降低沟底地下水位，基层晾干，验槽合格后，采用钢木混合模板安装，模板沿基础边线垂直竖立，模板内侧固定，模板外侧加垂直及斜支撑固定。沟槽内设坡度控制点，浇筑平基混凝土。

4. 管道铺设

（1）在平基混凝土表面采用经纬仪弹中心线或边线，在平基混凝土达到一定强度后，安装管道，在管身中心线上设一线坠，管口处设有中心刻度的水平尺，稳管时，移动管身，使线坠与水平尺的中心刻度对正。

（2）高度控制，按相邻坡度板上的坡度线进行，稳管时从坡度线上任意一点量至管内底部的垂直距离作为管道标高。管道的铺设如图1-96所示。

（3）管道接口形式采用刚性和柔性两种。

1）刚性接口主要密封材料采用水泥砂浆，抹带部分与基础管座相接处及管面抹带部分混凝土表面凿毛，抹带部分刷水泥砂浆一层，抹第一层砂浆厚度为15mm，压实后将宽度为180mm的钢丝网从下向上兜起，紧贴底层砂浆，上部搭接长度为100mm，用扎丝绑紧，使钢丝网表面平整。第一层砂浆初凝后再抹第二层砂浆，赶光压实。抹带宽度为200mm，厚度为25mm，并及时进行养护。管道接口的钢丝网连接如图1-97所示。

图1-96 管道的铺设

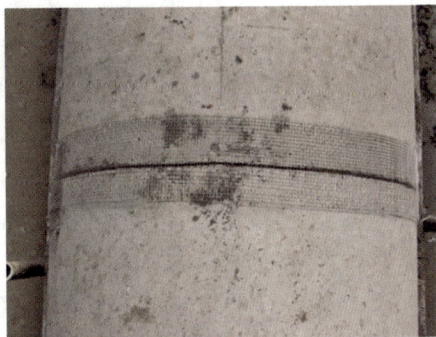

图1-97 管道接口的钢丝网连接

2）柔性接口主要采用沥青及橡胶圈安装固定。

5. 雨水井及检查井施工

检查井底基础与管道基础应同时浇筑，井壁墙体砌筑每次收进不大于30mm。井内的流槽应在井壁砌至管顶以上时进行施工。井内钢筋踏步应随砌随安，位置准确。混凝土井壁踏步在现浇模板完成后安装，井管道顶部采用砖拱。检查井井盖安装时采用经纬仪测点统一安装，井盖标高采用水准仪测设水准点安装。井内壁和流槽应抹灰压光，管道与井壁接触处用砂浆灌满，不得漏水，雨水口支管管口与井口墙面相齐。

室外所有检查井和雨水口采用环保型高分子材料，路面上及排水排油井盖与所在地面平齐，洒水和阀门井盖高出所在地面50mm。道路两侧的检查井到路边间距保持一致，所有雨水口距道路间距一致，井圈四周宽度一致。同时，井盖中心可设置单位标识，上方设置风电场名称，下方设置井盖功能名称；雨水算子上面可设置单位标识，下面注上风电场名称。

6. 给水管道压力试验、排水管道做灌水试验

（1）给水管道在隐蔽前进行单项水压试验，管道系统安装完成后进行综合水压试验，给水管道为铸铁管及镀锌管时，试验压力为工作压力的 1.5 倍，但不得小于 0.6MPa，10min 内压力降不大于 0.05MPa，降至工作压力时检查，不渗不漏为合格。给水管材为塑料管时，试验压力为工作压力的 1.5 倍，但不得小于 0.6MPa，稳压 1h 压力降不大于 0.05MPa，降至工作压力时检查，不渗不漏为合格。

（2）站区内通长排水管道灌水，从上部检查井灌水，灌水高度为管顶 1.0m，30min 内不渗漏为合格。压力排水管道按设计要求做水压试验，系统试验压力应超过工作压力 1.25 倍，10min 内压力降不大于 0.05MPa。

7. 给排水管道土方回填

给水管道应分两次回填，管道安装以后试压以前进行回填，管道两侧及管顶 0.5m 内土方回填，管道接口处不应回填，第二次回填应在水压试验以后回填。沟底至管顶以上 0.5m 范围内应进行人工素土回填，回填物不得含有机物及砖石等硬物，并应控制回填土方含水率。管道两侧应对称分层回填，每层厚度不大于 250mm，应采用人工夯实。管顶 0.5m 以上部位回填土可采用机械回填，回填时也应分层、分段回填，机械夯实。

8. 质量验收

按照《电力建设施工质量验收及评定规程 第 1 部分：土建工程》（DL/T 5210.1）进行质量验收。

（1）管基按设计要求施工，管道连接顺直，坡度符合设计及规范要求。

（2）检查井砌筑美观，内部抹灰压光，场区井盖及雨水箅子按场地排水坡度标高控制一致。

（四）施工图例

施工图例如图 1-98 和图 1-99 所示。

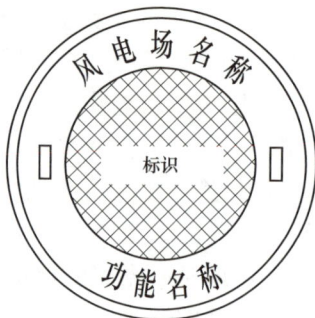

图 1-98　检查井井盖示意图

图 1-99　雨水箅子施工实例

（五）标准依据

（1）《电力建设施工质量验收及评定规程　第1部分：土建工程》（DL/T 5210.1）。

（2）《建筑给水排水及采暖工程施工质量验收规范》（GB 50242）。

二十一、通风及空调工程

（一）适用范围

适用于主控楼及其他建（构）筑物小型集中空调与通风设备安装。

（二）工艺流程

施工准备→管道预埋→室内机安装→配管安装→室内冷凝水管安装→电缆敷设→室内机安装→通风设备安装→质量验收。

（三）施工工序及验收

1. 施工准备

（1）材料准备。准备各种标准紧固件、密封垫、润滑油、清洗剂及制冷剂等材料，并仔细检查质量和数量。

（2）施工机具准备。准备安装和起重常用工具，还要准备吊装机具和量具，吊装机具要保证负荷能力的安全可靠，精密量具要符合使用的精度等级。

（3）技术准备。

1）做好图纸会审工作。

2）施工前，每个分项工程必须分级进行施工技术交底。技术交底内容要充实，具有针对性和指导性。全体施工人员应参加技术交底并签名，形成书面交底记录。

2. 管道预埋

根据设计要求及现场实际情况确定空调及管道的位置、大小、数量，预留管道孔时应使管道具有向下的坡度（排水坡度至少保持 $i \geqslant 0.01$，同时考虑绝缘管的厚度）。冷凝水管应就近接入落水管，实现有组织排水，冷凝水管的通孔直径应考虑绝缘热材料的厚度（最好气管和液管双排并列）。

3. 室内机安装

室内机安装前必须检查核对设备型号，按照图纸标出的位置安装悬吊支架，悬吊支架必须足以承受室内机的重量。安装室内机时，应保证有足够的冷凝水管位置。

4. 配管安装

（1）按照图纸进行配铜管，加工时吹净，使用氮气进行替换。

（2）冷凝水管的封盖。包扎时防止水分、脏物或灰尘进入管内，每根管的末端必须包扎封盖。

（3）冷凝水管的冲刷。将压力调节阀装在氮气瓶上，并将压力调节阀与室外机液体管侧的通入口用充气管连接，打开氮气瓶阀至压力调节至一定压力，对室内机、气管、液管进行冲刷。

（4）钎焊接头通常使用 L 形弯头、套接头、T 形接头，必须满足有关标准，钎焊工作宜在向下或水平侧向进行，尽可能避免仰焊。液管和气管端管必须注意装配方向的角度。

（5）扩口连接。使用专用扩口工具，扩口作业前加强管必须退火，切割管子应用管道切割机，扩口表面涂上空调机油，以便扩口螺母光滑通过。扩口前扩口螺母先装上管子，使用两个扳手抓住管子。

5. 室内冷凝水管安装

（1）冷凝水管坡度和固定。冷凝水管安装坡度必须满足设计要求。

（2）冷凝水管尽可能短并应避免气封的产生，对于较长的冷凝水管可用悬挂螺栓，支架间距为 1.2m，支架固定采用角钢，并应确保排水坡度。冷凝水管应绝缘包扎，避免表面结露，所有连接必须牢靠。

（3）管道穿墙处必须密封，不得渗入雨水。外漏管线必须加设槽盒密封。

（4）顶棚内的冷凝水管应做保温设计。

6. 电缆敷设

（1）控制电线导线管用 ϕ16mm 的 U–PVC 管，暗盒用 120 型，应统一冷凝系统与室内外的连接线，与电源线平行配线时，应适当空出 300mm 的距离，防止干扰。

（2）主电源线敷设时不能与信号电缆放在同一导管中，不能与信号电缆捆扎在一起。

（3）室内敷线用交叉方式向单一分支线路系统中的室内机供电，并提供独立开关。

7. 室外机安装

（1）室外机的安装位置尽量放在隐蔽处，不影响建筑物立面效果。

（2）室外机基础。室外机设计时，事先考虑室外摆放位置，如果控制楼为坡屋顶，则室外机放在地面或平台上，基础周围应设置排水沟。如果控制楼为平屋顶，室外机可考虑安装在屋顶上时，必须检查屋顶的强度，并特别注意保护屋顶防水层。

（3）安装室外机时注意基础强度和水平度，避免产生振动和噪声，设备安装时必须留出维修保养的工作空间。

（4）用 ϕ10mm 以上不锈钢膨胀螺栓和 10mm 厚的避震垫固定室外机。

（5）室外机应可靠接地，如图 1–100 所示。

8. 通风设备安装

（1）进风口、出风口的洞口预埋位置应严格按照设计图和设备尺寸执行，在土建施工时，应配合土建留好预留孔，并预埋挡板框和支架。

（2）风机的开关位置放在室外门口处。

（3）安装时，注意进风机在房间墙壁下部位置，出风机在房间墙壁上部位置，把风机放在支架上，上紧螺母，连接好挡板，并装上 45°防雨、防雪的弯头，如图 1-101 所示。

图 1-100　空调室外机及基础

图 1-101　风机室外弯头罩

（4）风机安装时外壳应做好接地。

（5）风机安装结束后，应安装网孔直径为 20～25mm 的保护网。

9. 质量验收

按照《电力建设施工质量验收及评定规程　第 1 部分：土建工程》（DL/T 5210.1）进行验收。

（四）施工图例

施工图例如图 1-102 和图 1-103 所示。

图 1-102　空调安装

图 1-103　暖气上装设防护罩

（五）标准依据

（1）《电力建设施工质量验收及评定规程　第 1 部分：土建工程》（DL/T 5210.1）。

（2）《通风与空调工程施工质量验收规范》（GB 50243）。

二十二、二次灌浆及保护帽工程

（一）适用范围

适用于设备的地脚螺栓二次灌浆及构支架、独立避雷针的保护帽浇制。

（二）工艺流程

二次灌浆及保护帽工艺流程为施工准备→清理预留螺栓孔洞→混凝土二次浇筑→外露螺栓需做混凝土保护帽→保护帽模板安装→浇筑混凝土→顶部压光→拆模→质量验收。

（三）施工工序及验收

1. 施工准备

（1）灌浆前应先做好混凝土的配合比试验，按照此配合比进行水泥、砂、石子等材料准备，材料进场后按照规范进行材料的检验，合格后方可使用。

（2）拌和用水应用饮用水，使用其他水源时，应符合《混凝土拌和用水标准》（JGJ 63）的规定。

（3）先对基础杯口内部浸水，保持灌浆前内部湿润。

（4）清理基础杯口内及周围的积水、垃圾、泥土等异物。

（5）技术准备。

1）做好图纸会审工作。

2）施工前，每个分项工程必须分级进行施工技术交底。技术交底内容要充实，具有针对性和指导性。全体施工人员应参加技术交底并签名，形成书面交底记录。

2. 混凝土的搅拌

混凝土的拌和采用机械搅拌，搅拌时间符合规范的规定，或采用商品混凝土。

3. 二次灌浆质量控制要点

（1）架构设备杆安装固定完成后，再进行混凝土二次浇筑，浇筑混凝土时注意对设备的保护和质量控制，防治设备杆歪斜。

（2）浇筑混凝土时应分层灌入，分层振捣，每次浇筑厚度不得超过 200mm。每次灌浆开始后，必须连续进行，不得间断，并尽可能缩短灌浆时间。

（3）浇筑完混凝土后，顶部要进行抹光，必须将地脚螺栓或支架表面的泥浆清除，如图 1-104 所示。

图 1-104　风机基础二次灌浆密实、无空鼓裂缝

（4）地脚螺栓露出部分根据需要制作保护帽。

4. 保护帽质量控制要点

（1）根据构支架的直径设置专门钢模板，建议采用方体形或圆台形保护帽，如图 1-105 所示。

（2）浇筑混凝土前检查构支架接地或电缆保护管是否做好。浇筑混凝土时采用短钢筋进行分层灌入，分层振捣，每次浇筑厚度不得超过 200mm；混凝土浇筑至顶部时要留有一定坡度，以便排水，再进行收光，浇制时检查模板是否有偏移，即保证构支架在棱形模板中心，根据情况加设倒角木线，如图 1-106 所示。

图 1-105　六棱体形保护帽

图 1-106　保护帽模板安装

（3）拆除模板后注意不要碰及棱角，若有气孔等现象要进行抹光。

（4）混凝土浇筑完后及时将构支架表面的泥浆清除。

5. 养护

地脚螺栓灌浆完或保护帽拆除模板后，覆盖塑料薄膜或加草袋进行养护，养护时间不少于 7d。

6. 质量验收

（1）混凝土强度及试块取样留置。

（2）外观质量。边角完整、光洁，无孔洞、麻面、胀模等。

（3）预留孔中心位移小于等于 5mm。

（4）预留孔截面尺寸偏差为 -5～+10mm。

（5）预埋螺栓位移小于等于 2mm。

（6）预埋螺栓外露长度偏差为 +10～+5mm。

（四）施工图例

施工图例如图 1-107 和图 1-108 所示。

图 1-107　方台形保护帽边角加木线　　　图 1-108　地脚螺栓二次灌浆

（五）标准依据

（1）《电力建设施工质量验收及评定规程　第 1 部分：土建工程》（DL/T 5210.1）。

（2）《混凝土拌和用水标准》（JGJ 63）。

二十三、电缆沟道工程

（一）适用范围

适用于升压站电缆沟的施工。

（二）工艺流程

施工准备→电缆沟基槽开挖→浇筑混凝土底垫层及沟壁→电缆沟压顶混凝土施工→电缆沟扁铁安装→电缆沟抹灰→电缆沟底找坡、压光→养护→支架安装→质量验收。

（三）施工工序及验收

1. 施工准备

（1）材料的准备。混凝土采用自拌混凝土，砂、石应有复试报告，水泥应有出厂合格证及复试报告；砖采用灰砂砖，应有出厂合格证及复试报告；模板应采用表面平整、加工精密、有一定刚度的多层胶合板；钢筋应进行外观及资料（出厂合格证书）检查，并经送样复试合格。混凝土实验室配合比完善。

（2）技术准备。

1）做好图纸会审工作。

2）施工前，每个分项工程必须分级进行施工技术交底。技术交底内容要充实，具有针对性和指导性。全体施工人员应参加技术交底并签名，形成书面交底记录。

（3）定位放线。根据变电站设置的建筑测量定位方格网基准点或施工完毕的设备基础，采用经纬仪、拉线、尺量、定出电缆沟的基准线。

2. 电缆沟基槽开挖

根据设计要求，基槽土方开挖至电缆沟底基础设计标高，电缆沟壁应根据土质要求及电缆沟深度放坡，电缆沟基槽两侧设排水沟及集水井，以防止沟壁坍塌。基槽开挖完成后，应组织相关人员（设计勘察单位、施工单位、监理单位、业主）进行验槽，并做好记录。

3. 浇筑混凝土底板垫层及沟壁

基底原土夯实，放设电缆沟底垫层模板边线及坡度线，根据边线及坡度线安装模板，并采用水准仪跟踪测定模板标高。基础较宽时，在基槽中间部分设水平控制桩。采用经纬仪，在混凝土底板表面定点、弹线，确定电缆沟墙体边线，根据电缆沟墙体标高，设置皮数杆。皮数杆标出电缆沟顶部压顶位置、每皮砖及砖缝厚度。混凝土底板第一皮砖灰缝宽度超过 20mm 时，应采用细石混凝土找平。砖在砌筑前隔夜浇水湿润，砂浆按配合比搅拌，并控制好砂浆稠度。砂浆应保证 3h 内砌筑完毕，砌砖时铺灰长度不应超过 500mm，并严格按照皮数杆逐层砌筑，及时清理落地残余砂浆。

浇筑或砌筑过程中，将铁件预制块砌入电缆沟墙体内，应根据预设的粉刷层厚度拉线控制预制块水平标高及凸出墙体的位置。铁件预制块应事先制作完成。电缆沟墙体按照规范砌筑，顶层砖均应采用"全丁"砌筑，砌筑完成后，砌体顶面采用砂浆灌缝。墙体应按设计要求留置变形缝，上下贯通，并应和混凝土底板垫层变形缝位置一致。砖砌电缆沟埋件应考虑抹灰厚度与埋件平齐。

如果场地有排水要求，在电缆沟施工时应在电缆沟与同于地面标高处设置横向排水槽，槽宽不小于 500mm。

4. 电缆沟压顶混凝土施工

（1）电缆沟外墙弹出水平线，根据水平线安装压顶模板，采用钢制卡具固定压顶模板。压顶模板上口根据水平线调平，为防止压顶模板上口倾斜，在压顶两侧设置木方与基坑边沿土方打桩固定。压顶钢筋与墙顶面及模板两侧设混凝土保护层。

（2）压顶浇筑前，墙面应浇水湿润。压顶混凝土采用振捣棒捣密实，顶面抹平、压光。混凝土压顶在变形缝处也应断开。

（3）伸缩缝设置宽度以 15～20mm 为宜，缝中应填塞油麻，外层用密封膏勾缝。

（4）要求全混凝土电缆沟或压顶混凝土一次成型，不做粉刷。

5. 电缆沟扁铁安装

为了防止扁铁焊接变形，焊接前应每米设置角钢将扁铁撑紧在沟壁上。在预埋铁件上进行扁铁焊接，焊接中应拉通长线整平，扁铁搭接长度不应小于 2 倍扁铁宽度，三边焊接，焊接质量应符合施工规范的要求。电缆沟扁铁安装如图 1-109 和图 1-110 所示。

图 1-109　砖砌电缆沟埋件　　　　图 1-110　混凝土电缆沟埋件

6. 电缆沟抹灰

根据墙面抹灰厚度塌饼、冲筋，采用 1:3 水泥砂浆打糙，1:2 水泥砂浆压光。抹灰前墙面要充分浇水湿润，混凝土面层采用 108 胶水掺水泥素浆批浆。为保证电缆沟长度方向粉刷的顺直及平整，用经纬仪测点弹中心控制线，沟壁弹水平控制线，作为控制电缆沟粉刷面的基准线。

电缆沟抹灰过程中，原材料应采用同一批次进场材料，砂浆配合比应统一，以保证电缆沟抹灰面色泽均匀一致。抹灰砂浆应在规定的时间内用完，不允许用干水泥或砂浆干粉在粉刷层表面吸水。抹灰面层压光后，电缆沟应棱角通长顺直，沟壁平整，无砂眼、凹坑、抹纹，抹灰层色泽一致，无空鼓、龟裂。

电缆沟顶抹灰宜每隔 2m 垂直于长度方向镶贴分格条，以减少由于沟长而引起的收缩裂缝。注意做好电缆沟内外层抹灰，尤其加强外露处抹灰。

7. 电缆沟底找坡、压光

电缆沟应根据设计要求进行找坡，采用水准仪测定坡度标高线，较厚部位采用细石混凝土找平，找坡混凝土与砂浆面层宜一次性完成，并在电缆沟一侧设置排水槽。浇筑前，应清理沟底积水、杂物，并进行扫浆。浇筑时，应注意混凝土及砂浆不得污染沟壁砂浆面层。电缆沟沟底找平、压光如图 1-111 所示。

混凝土表面原浆压光，应在混凝土终凝前进行，应不少于 3 遍压光，压光后面层应无砂眼、凹坑、抹纹，表面应洁净、光滑。

8. 养护

电缆沟壁浇筑或抹灰完成后，应进行覆盖浇水养护不少于 7d。

9. 支架安装

电缆支架安装时应分段标出标高，先焊接两侧支架，然后挂线调平其他支架进行焊接，安装时必须控制支架标高和水平度。支架应可靠接地，如图 1-112 所示。

图 1-111 电缆沟沟底找平及沟壁抹灰

图 1-112 电缆支架安装

10. 质量验收

（1）沟道中心线位移允许偏差小于等于 20mm。

（2）沟道顶面标高允许偏差为 0～-10mm。

（3）沟道截面尺寸允许偏差为 ±15mm。

（4）沟内侧平整度允许偏差小于等于 8mm。

（5）预留孔洞及预埋件中心位移允许偏差小于或等于 15mm，倾斜度允许偏差为 2%。

（四）施工图例

施工图例如图 1-113 和图 1-114 所示。

图 1-113 嵌入式电缆沟

图 1-114 电缆有效接地

（五）标准依据

（1）《电力建设施工质量验收及评定规程 第 1 部分：土建工程》（DL/T 5210.1）。

（2）《混凝土结构工程施工质量验收规范》（GB 50204）。

（3）《砌体结构工程施工质量验收规范》（GB 50203）。

二十四、电缆沟盖板工程

（一）适用范围

电缆沟等混凝土盖板的制作及安装。

（二）工艺流程

施工准备→角铁边框制作→钢筋制作及安装→混凝土浇筑→养护→盖板安装→质量验收。

（三）施工工序及验收

1. 施工准备

（1）材料准备。砂、石应有复试报告，水泥应有出厂合格证及复试报告；钢筋应进行外观及资料（质量证明书）检查，并经送样复试合格；角铁应有合格证，进场应进行外观检查，无变形翘曲现象，规格、型号、壁厚应达到设计要求。电焊条应有合格证，电焊工应有上岗证。

（2）预制场地的准备。预制场地应设置在变电站区不影响施工的部位，根据预制数量及使用时间确定场地大小。场地表面应压光，压光后表面应平整、光滑、坚实。

（3）技术准备。

1）做好图纸会审工作。

2）施工前，每个分项工程必须分级进行施工技术交底。技术交底内容要充实，具有针对性和指导性。全体施工人员应参加技术交底并签名，形成书面交底记录。

2. 角铁边框制作

根据边框放样尺寸，由专人进行角铁画线切割，角铁两头切割 45°，角铁边框进行 45°拼角焊接。角铁边框焊接时不可有过烧、咬边、夹渣等现象。焊接时，为保证角铁边框尺寸一致、不变形，角铁边框底部可设置平整钢板一块，在钢板上弹线，四周用角钢焊出角铁边框模型，焊接时角铁放入模型内焊接加工。为保证角铁边框内混凝土与镀锌边框粘接牢固，可在角铁边框内侧焊接若干螺纹钢筋。

角铁边框焊接后送入镀锌厂进行加热镀锌处理，镀锌后角铁边框容易变形，浇筑前应进行矫正，使角铁边框对角线、平整度、尺寸符合要求。

3. 钢筋制作及安装

根据图纸要求进行钢筋的制作，Ⅰ级钢应做弯钩，钢筋节点应全部使用铅丝绑扎，网片钢筋与角钢边框留出的钢筋也应进行绑扎。

4. 混凝土浇筑

角铁边框水平放在预制场地上，在角铁边框底部铺厚度为 3mm 的橡胶皮，以保证成型后的盖板底部不漏浆，且底面平整、光滑，底部混凝土不高出角钢边框。为保证混凝土盖板面层色泽一致，混凝土原材料尽量一次性进场，并分开堆放。混凝土原材料计量由专人负责，应搅拌均匀。

角铁模板内铺一层混凝土，使用平板振动器（小型平板）振捣密实，钢筋网片放入模板，再加入混凝土铺满角铁盖板，并再次使用平板振动器振捣密实，直至平板表面泛出原浆。在混凝土终凝前进行不少于 3 遍压光，压光后表面无抹痕，严禁有凹坑、砂眼等现象。浇筑完成后，清除角铁边框四周的混凝土及砂浆，电缆沟盖板混凝土振捣如图 1-115 所示。

图 1-115 电缆沟盖板混凝土振捣

5. 养护

常温下，混凝土盖板浇筑完成 12h 后，应放入蒸养室养护不少于 7d。

6. 盖板安装

运输时应考虑盖板受力方向，盖板反向受力，容易造成盖板断裂，将盖板搁置在电缆沟上，电缆沟两头采用经纬仪每隔 20m 左右定点。拉线调整盖板顺直及平整度。盖板搁置点底部搁置厚度为 3mm 的橡胶皮垫，以调整盖板的稳定性及表面平整度。

安装好后的盖板，应按要求喷漆编号。电缆沟中有防火墙的部位，应在盖板上喷写"防火墙"字样。盖板之间的缝隙搁置宽度为 3mm 的 T 形橡胶条，来提高盖板的稳定性和严密性，如图 1－116 所示。

图 1－116　电缆沟盖板编号搁置 T 形橡胶条

7. 质量验收

（1）沟道盖板钢边框：长度偏差为±3mm；宽度偏差为±3mm；对角线差小于等于 3mm。

（2）沟道盖板：长度偏差为±5mm；宽度偏差为±5mm；厚度偏差为±3mm；对角线偏差小于等于 5mm；表面平整度偏差小于等于 5mm。

（四）施工图例

施工图例如图 1－117 和图 1－118 所示。

图 1－117　电缆沟盖板

图 1－118　电缆沟盖板上设通风口

（五）标准依据

（1）《电力建设施工质量验收及评定规程　第 1 部分：土建工程》（DL/T 5210.1）。

（2）《混凝土结构工程施工质量验收规范》（GB 50204）。

二十五、混凝土道路工程

（一）适用范围

适用于两侧无路牙混凝土道路。

（二）工艺流程

施工准备→定位放线→路槽土方开挖→埋设各种过路管道→路槽碾压检验→路基施工→模板安装及拆除→路面混凝土浇筑→路面养护→质量验收。

（三）施工工序及验收

1. 施工准备

（1）材料准备。

1）水泥采用 32.5 级及以上普通硅酸盐水泥或硅酸盐水泥，砂采用中砂，石子采用粒径为 5～35mm 的骨料。其他材料，如灰土、石灰、粉煤灰等均符合相关规定。水泥应有出厂合格证及复试报告，石子、砂应有试验报告。路面用水泥、石子、砂应在施工前做好工程材料计划，同一批进场，集中堆放备用，以保持道路完成后色泽一致。如使用商品混凝土，应在浇筑前与搅拌站约定好混凝土的水泥含量，并应按清水混凝土进行配比，坍落度控制在 120～140mm。

2）模板应选用厚度为 18mm 的优质木胶板，木方做肋。按设计要求制作道路模板及宽度为 15mm 的三角木线条。

（2）技术准备。

1）做好图纸会审工作。

2）施工前，每个分项工程必须分级进行施工技术交底。技术交底内容要充实，具有针对性和指导性。全体施工人员应参加技术交底并签名，形成书面交底记录。

2. 定位放线

根据升压站建筑方格网控制点，采用经纬仪和钢尺定出道路中心线的位置。

3. 路槽土方开挖

道路基础两侧以设计路宽为准，分别向外加宽，放出道路的路基灰线，根据此线进行路槽开挖，先清除表层耕植土，开挖直至地下老土。暗沟、暗渠部分也必须清除至老土，基槽开挖宽度按要求放坡，如图 1-119 所示。

4. 埋设各种过路管道

根据图纸设计要求，进行各种过路管道的排设，管道基层及上部回填按要求夯实。

5. 路槽碾压检验

路槽开挖完成后，排出路基积水，测定路床含水量并进行晾干，进行机械夯实并采用环刀法测试路基密实度。

6. 路基施工

按设计要求，采用一定比例的石灰与土，在最优含水量的情况下，充分拌和，达到均匀、颜色一致。灰土以手握成团，两手指捏即散为准。土料采用黏性土，土内有机质含量不得超过 5%，土粒应过筛，颗粒不应大于 15%。

石灰采用Ⅲ级以上新鲜的石灰，使用前石灰消解并过筛，颗粒粒径不得大于 5mm，不得夹有未熟化的生石灰粒，不得含过多水分。灰土应分段、分层回填，采用机械夯实，遍数按设计要求的干密度确认，应达到设计要求的干密度。灰土完成后，不得受雨淋，不得受水浸泡，并作临时性覆盖。灰土每层施工结束后，应检查灰土地基的干密度。

采用石灰、粉煤灰、石子进行机械搅拌均匀，并控制材料的含水率，采用翻斗车运输至现场，摊铺平整，分层、分段碾压密实，分层压实系数满足设计要求，表面进行薄膜覆盖，洒水养护不少于 7d。路基如图 1-120 所示。

图 1-119　道路开挖　　　　　　　　图 1-120　路基

7. 模板安装及拆除

（1）模板定位。根据定位放线安装道路模板，模板高度按设计要求执行，圆弧形边模板根据图纸要求尺寸放出圆弧线，采用双层木胶板支设。为防止模板跑模，模板外侧采用钢筋固定。模板接口应平整，模板边沿顺直。模板与模板接缝采用玻璃胶填充补平，模板安装完成后，模板底部与垫层采用细石混凝土垫脚堵缝。

（2）模板采用厚度为 18mm 的木模板，尺寸为 50mm×100mm 的木方拼模，并在道路两侧模板加设三角木线条，使道路既美观又能保护棱角，如图 1-121 所示。

（3）拼模时注意模板顶面的标高及模板的定位。根据施工情况考虑支设顺序，遇到胀缝时，路的断面加设厚度为 20mm 的软木板，软木板上沿做成圆弧形。胀缝处选用 φ16@300 圆钢及 DN20 钢管做传力杆，钢筋外涂沥青。

（4）模板采用钢筋固定，钢管加固支撑，转弯处双层模板叠加起来按转弯半径进行弯曲，要求弧线优美、规整。

（5）模板标高、位置、尺寸准确并符合设计要求，支护稳定，支撑和模板固定可靠，模板拼缝严密，符合规范要求。

图 1-121 道路模板三角木线条加设图

（6）模板拆除时，注意道路路面混凝土和侧面混凝土及棱边角的保护，钢管和扣件不得放置在已做好的道路上，禁止撬杠生撬混凝土。

8. 路面混凝土浇筑

在搅拌现场安装计量器具，依据配合比对进料进行计量，计量采用质量比。计量偏差：水泥、水应控制在±2%，粗、细骨料应控制在±3%以内。混凝土搅拌时水灰比和坍落度要严格控制，每机搅拌时间不少于 90s，确保拌和均匀，禁止有搅拌不均匀的生料进入浇捣地点。

（1）混凝土道路施工尽量采用滚筒振动机。

（2）混凝土振捣。混凝土摊铺时不能远距离抛投混凝土，混凝土铺满后先用插入式振捣棒进行振捣，振点间距不大于 500mm，先两侧后中间，混凝土不能过度振捣。插入式振动棒振捣过后不允许有漏振现象。再用滚筒碾压赶浆、找平，混凝土振捣时，随时要观察侧模板的情况，发现问题应及时纠正，如图 1-122 和图 1-123 所示。

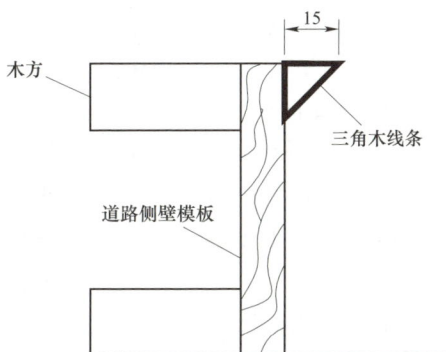

图 1-122 振捣后滚筒赶浆 图 1-123 赶浆、找平后面层

（3）路面压光。赶浆、找平后禁止施工人员在振好的混凝土上随意走动。待混凝土水分略干后（操作人员应根据气温情况灵活掌握），用磨浆机磨出面层砂浆，如图1-124所示。

路面压光要求至少为四遍。待混凝土表面无水膜时进行第一遍人工压光，同时处理好边角及细部，要求压实平整，待混凝土开始凝结即进行分遍抹压面层，压光机压光时不得漏压，将面层凸坑和脚印压平，在混凝土终凝前完成压光，压光后要求混凝土平整、无抹痕、无接头印、无外露石子及砂砾，颜色均匀一致，如图1-125所示。

图1-124　路面磨浆　　　　　　　　　图1-125　压光后路面

（4）路面胀缝设置。胀缝留设间距以15～20m为宜，在道路与建（构）筑物衔接及道路交叉处必须做胀缝。胀缝必须上下贯通，缝宽按设计留置。在混凝土浇捣前必须设置胀缝，胀缝应与路面中心线垂直；缝壁必须垂直，缝隙宽度必须一致，缝中不得连浆；缝隙上部应浇灌填缝料，下部应设胀缝板。

（5）胀缝的处理。道路完成后胀缝内应清理干净，胀缝两侧粘贴美纹纸，采用沥青砂浆灌缝，并使用14～16号方钢，用火加热后烫压平整，上口低于路面1.5mm。混凝土路面胀缝处理如图1-126所示。

（6）路面缩缝切割。当混凝土达到设计强度25%～30%时可进行缩缝切割，以切割时不出现缺棱掉角为宜，缩缝切割的深度应不小于路面厚度的1/3（从顶面算起）；缩缝留设间距以4～5m为宜。缩缝切割样式如图1-127～图1-129所示。

（7）每100m³混凝土留设一组试块，不够100m³的按每次浇筑时留设，作为评定混凝土强度的试验依据。

9. 路面养护

路面混凝土养护要派专人负责，并在浇筑完成后12h内开始，使路面一直保持湿润状态，养护期一般为14～21d。混凝土路面养护如图1-130所示。

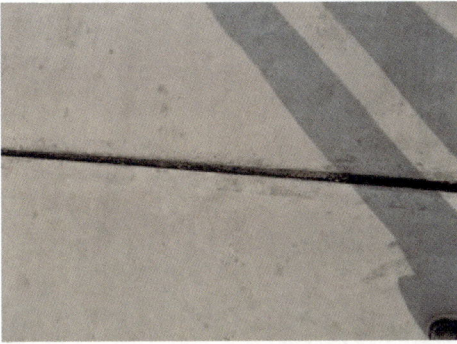

图 1-126　道路胀缝留置

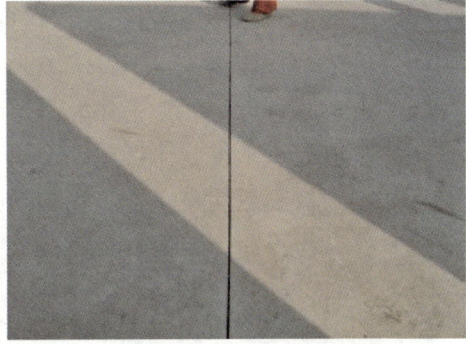

图 1-127　道路一形缩缝切割

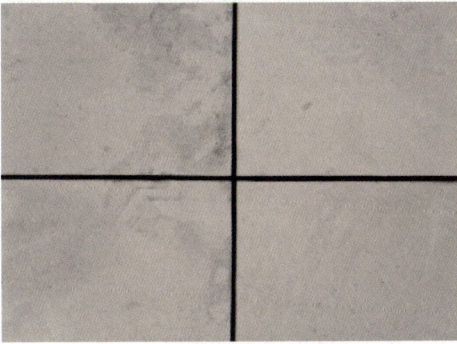

图 1-128　道路十形缩缝切割

图 1-129　道路三叉形缩缝切割

图 1-130　混凝土路面养护

　　路面养护期间严禁行人、车辆在上面走动，直至混凝土强度达到要求后方可通行，通行速度不得大于 5km/h，防止车辆刹车破坏或污染道路面层。

10. 质量验收

（1）路面宽度偏差为±20mm；路面平整度偏差小于等于 5mm。

（2）纵坡标高偏差为±10mm；横坡偏差为坡长的±0.25%。

（3）纵缝顺直度偏差小于等于10mm；横缝顺直度偏差小于等于5mm。

（4）板边垂直度偏差为±5mm。

（5）胀缝板边垂直度无误差。

（6）相邻板高差偏差小于等于3mm。

（7）井框与路面高差偏差小于等于3mm。

（四）施工图例

施工图例如图1-131～图1-134所示。

图1-131　混凝土道路

图1-132　混凝土道路及广场

图1-133　道路面层

图1-134　浇水后的道路

（五）标准依据

（1）《电力建设施工质量验收及评定规程　第1部分：土建工程》（DL/T 5210.1）。

（2）《水泥混凝土路面施工及验收规范》（GBJ 97）。

二十六、大体积混凝土工程

（一）适用范围

适用于风电场大体积混凝土（即混凝土结构物实体最小几何尺寸不小于 1m 的大体量混凝土，或预计会因混凝土中胶凝材料水化引起的温度变化和收缩而导致有害裂缝产生的混凝土）的施工。

（二）工艺流程

施工准备→定位放线→基础土方开挖→钢筋安装→地脚螺栓、预埋件安装→模板安装→混凝土施工→大体积混凝土养护及测温→质量验收。

（三）施工工序及验收

1. 施工准备

（1）技术准备。

1）做好图纸会审工作。

2）施工前，每个分项工程必须分级进行施工技术交底。技术交底内容要充实，具有针对性和指导性。全体施工人员应参加技术交底并签名，形成书面交底记录。

3）作业前应由施工单位技术人员编制《大体积混凝土作业指导书》（含关键参数计算），并经过审核、审批后，发放相关作业人员，以具体指导施工。

（2）材料准备及要求。

1）水泥。优先选择水化热低的水泥，在满足设计要求的前提下，尽可能减少水泥用量，降低水泥产生的水化热。

2）骨料。石子及砂子的含泥量分别不超过 1%和 3%，尽可能选择粒径较大的石子，以减少水泥用量。

3）砂宜选择中粗砂。

4）外加剂。为了减少水泥用量，同时为了延缓混凝土的凝结时间，放慢水泥水化热的释放速度，推迟和降低水化热峰值，混凝土中可掺入适量的缓凝减水剂。由于温度降低及混凝土失水会导致混凝土体积收缩，在混凝土中宜掺入适量的微膨胀剂，使混凝土的收缩得到补偿，减少混凝土裂缝出现的可能。

5）掺合料。在混凝土中加入适量（试验确定）的粉煤灰，减少水泥用量，降低水化热。

6）施工用水。采用饮用水，当采用其他水源时，应对水质进行检测，合格后方可使用。

7）配合比。根据设计配合比和现场实际情况（砂、石含水率）调整原材料用量。

8）钢筋进场时必须有出厂质量证明书，复试合格后方可使用。钢筋焊接应按规范要求进行焊接接头试验，试验合格后方可施工。

9）模板进场后，需对观感质量、尺寸、型号、材质等进行检查验收，模板表面应平整，并应定期保养。

2. 定位放线

在清除场地杂物后的基础上，依据基础定位资料、基础布置图，测定基础，引测高程基准点，确定好桩位中心。

3. 基础土方开挖

根据图纸和地质勘察报告要求，确定开挖方案，开挖后应对基底标高、基础轴线、边坡坡度等进行复测，并组织相关人员进行地基验槽。基底土质应符合设计要求。

4. 钢筋安装

按设计图纸要求进行钢筋的安装，钢筋间距锚固长度、搭接长度和方式应符合设计和规范要求。

钢筋安装如图 1–135 和图 1–136 所示。

图 1–135　风机基础钢筋的安装　　　　图 1–136　主控楼基础底板钢筋安装

5. 地脚螺栓、预埋件安装

（1）地脚螺栓安装及加固。地脚螺栓安装前，首先对每一小组螺栓以 4（6）根进行整体化，即在螺栓根部及 –0.4m 左右处套一根 ϕ10mm 箍筋，在螺栓头部用预先精确打孔（孔径 ϕ25mm）的模板套住，将模板校核水平，并用上下螺母拧紧夹住模板。螺栓下部水平段要在同一平面上，螺栓与箍筋点焊固定，形成螺栓笼，将箍筋及螺栓模板均划出双向轴线（中心线），并应重点进行控制。

（2）在基础底板下层双向主筋安装绑扎完成后，按照埋件位置逐组进行螺栓安排，螺栓的双向轴线与垫层及模板上的双向轴线吻合后，用 ϕ20mm 钢筋呈八字式在四角做 45° 斜撑，斜撑的上部与螺杆焊接固定，下部与底板主筋焊接固定。每组螺栓，用带孔模板或木方连成整体并复核准确。

（3）预埋件安装。基础在第一次混凝土浇筑结束后，应进行二次埋件的弹线，应由基础外的轴线桩测设出每组埋件的中心线，重点复核埋件的相对位置及整组埋件的相对位置。弹线完成后，及时检查预埋螺栓是否在浇筑中移位。应测定预埋件轴线及标高，有地脚螺栓的，用螺母调平，必须严格控制顶面标高、平整度及轴线位置，如图 1-137 所示。

（4）测温管在混凝土浇筑时埋入，应深入混凝土的底部、中部及表层，常见的方法有：① 预留测温孔，用玻璃温度计测量；② 采用便携式建筑电子测温仪进行测量。

6. 模板安装

模板材料可采用钢模或竹胶合板，或砖砌挡墙模板，应事先确定模板施工方案并进行模板及支撑系统强度和稳定性验算，再进行模板安装，如图 1-138 所示。

图 1-137 埋件安装图　　　　图 1-138 风机基础模板支设

7. 混凝土施工

（1）混凝土搅拌严格按照实验室出具的配合比进行配料，当采用搅拌机施工时，每盘砂、石、水泥及水的用量应进行称量，偏差控制在规范允许的范围；当采用混凝土搅拌站时，每盘砂、石、水泥及水的用量称量可在搅拌机微电脑上进行并控制。

（2）混凝土运输。大体积混凝土宜采用泵送管运输，可直接运输至浇筑地点；输送管应尽量缩短敷设路径及减少拐弯数量，可减少泵送压力的损失，有助于加快浇筑速度。

（3）混凝土浇筑。采用平面分层法浇筑，现场可根据大体积混凝土的设计厚度进行必要的分层（浇筑过程中一次堆积高度不超过 40cm），不间断连续作业，因大体积混凝土每层浇筑厚度较大，故振捣时间不宜过短，每点以 15～30s 为宜，快插慢拔。特别注意，在后浇带、钢板网等特殊部位要细致振捣，但不得过振，如图 1-139 所示。

8. 大体积混凝土养护及测温

（1）混凝土养护。当混凝土表面收抹后脚踩无印时，应进行养护工作，养护至少进行 14 昼夜（在铺设第一层草袋时要对其进行洒水湿润）。在混凝土的养护过程中，要严密监视大气温度和混凝土内部温度，通过降温或保温的方法，控制混凝土内外温差在 25℃之内，根据气温变化，及时调整养护方法和材料，如图 1-140 所示。

图 1-139　混凝土浇筑

图 1-140　混凝土养护

（2）混凝土测温。混凝土终凝后每隔 4h 进行测温，当混凝土的中心内外温差超过 25℃时，应调整保温层厚度或养护用水。

9. 质量验收

（1）预埋件安装中心线偏差为 ±3mm，预埋件顶面标高偏差为 ±2mm。

（2）基础混凝土表面标高偏差为 0～-5mm，表面平整度小于等于 3mm。

（四）施工图例

施工图例如图 1-141 和图 1-142 所示。

图 1-141　风机基础混凝土

图 1-142　主变压器基础混凝土

（五）标准依据

（1）《电力建设施工质量验收及评定规程　第1部分：土建工程》（DL/T 5210.1）。

（2）《混凝土结构工程施工质量验收规范》（GB 50204）。

（3）《混凝土质量控制标准》（GB 50164）。

二十七、风电场其他工程

（一）适用范围

适用于升压站内台阶、坡道、散水及风场道路。

（二）工艺流程

施工准备→坡道及台阶施工→散水施工→风电场场区道路施工→质量验收。

（三）施工工序及验收

1. 施工准备

（1）材料准备。材料包括白灰、水泥、好土、砖砌块、中砂、石子。散水和坡道基层可选用三七灰土夯实。坡道、台阶可采用混凝土现浇制作。风场道路可选用二灰稳定碎石。

（2）技术准备。

1）做好图纸会审工作。

2）施工前，每个分项工程必须分级进行施工技术交底。技术交底内容要充实，具有针对性和指导性。全体施工人员应参加技术交底并签名，形成书面交底记录。

2. 坡道及台阶施工

基层回填密实，符合设计要求，一般选用三七灰土夯填。根据场地标高确定坡道坡度，采用模板支设出坡道和台阶样式，台阶分台均匀，宽高比符合设计及规范要求。然后浇筑混凝土，混凝土需振捣密实，表面用木抹子搓毛并及时养护。待强度达到设计要求后，可进行表面抹灰，有贴砖要求的台阶可进行粘贴砖施工。台阶平面应保证有2%向外流水的坡度。坡道、台阶与散水和建筑物之间设置宽15mm的沉降缝，缝中采用密封膏填实，如图1-143所示。

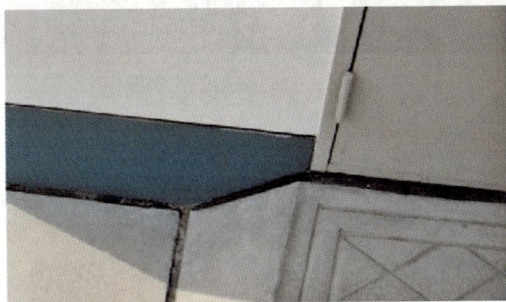

图1-143　坡道沉降缝

3. 散水施工

基层可选用三七灰土夯填密实，按图纸要求，测出散水标高，并在建筑物外墙上弹出控制线，散水用木模板支设，为保证散水与建筑物之间的沉降缝，选用厚 10mm 的木模板加木楔控制沉降缝宽度和顺直度，外测应选用优质模板，保证散水的顺直度和平整度，散水应与建筑物沿自身长度方向每隔 3m 设置宽 1.5cm 的沉降缝。如遇挑梁或沟道应在此处设置沉降缝，上部填塞厚 2cm 的硅酮密封膏。散水需一次浇筑成型，表面压实抹光。优良的散水应是边角完整、无缺损，棱线顺直，散水及沉降缝宽度标准一致、密封材料填设美观、表面光洁，坡度符合设计要求。

4. 风电场场区道路施工

按设计图纸，根据控制网，放出道路中心控制线和标高控制点。对道路基层进行开挖，将腐殖土挖出，道路两侧设置挡土坡，保证路基宽度一致，采用灰土或级配碎石换填碾压，压实系数达到设计要求，并浇水养护。路基采用设计材料或二灰稳定碎石铺设，厚度满足设计要求，并分层浇水碾压，达到设计压实系数。路基材料铺设完成后，对道路两侧土进行平整，一般风电场场区道路不做混凝土硬化，路基层应破面平整，宽度满足设计要求，平整度不大于 10mm，如图 1-144 所示。

图 1-144　风场场区道路碾压

5. 质量验收

（1）散水、台阶、坡度整体美观，均设沉降缝，缝宽 15mm，密封膏塞填美观。

（2）坡道、台阶与门口中心对称布置，整体对称不偏斜。台阶分台平均合理，宽高比符合设计及规范要求，棱线顺直，边角完整，坡度满足要求。

（3）散水坡度满足设计要求，棱角完整无缺，表面光洁、平整，平整度小于等于 5mm，缝格平直偏差小于等于 3mm；不应有裂纹、脱皮、麻面、起砂、不均匀下沉等缺陷。

（4）风场场区道路宽度、压实系数符合设计要求，两侧土平整美观，平整度小于等于 10mm。

（四）施工图例

施工图例如图 1−145 和图 1−146 所示。

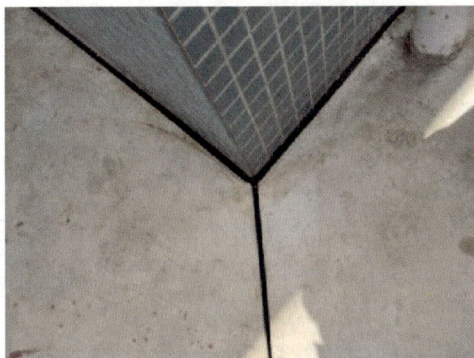

图 1−145　散水沉降缝

图 1−146　风场场区道路

（五）标准依据

《电力建设施工质量验收及评定规程　第 1 部分：土建工程》（DL/T 5210.1）。

二十八、钢管构支架安装工程

（一）适用范围

适用于风电场钢管结构的构支架安装。

（二）工艺流程

施工准备→基础复测→构件排杆、组装→构架组装地面验收→构支架吊装→构支架的调整、校正→基础杯口的混凝土灌浆及养护→缆风绳的拆除→质量验收。

（三）施工工序及验收

1. 施工准备

（1）技术准备。

1）图纸会审时，应明确构支架接地、焊缝、排水孔位置和方向统一；构支架的接地端子和隔离开关操作机构箱支架的标高、方向应由加工厂家统一考虑，避免现场动焊以破坏镀锌层。

2）每个分项工程必须分级进行施工技术交底。技术交底内容要充实，具有针对性和指导性，全体施工的人员都要参加技术交底并签名，形成书面交底记录。

（2）机具准备。按照施工措施要求的工器具进行准备和检查。

（3）构件进场、验收及堆放。

1）构支架进场时，应检查出厂合格证、构架安装说明、螺栓清单等出厂资料是否齐全，以及构件的防腐质量、碰伤及变形情况；镀锌层不得有黄锈、锌瘤、毛刺及漏锌现象。

2）构件堆放时用道木垫起，不允许与地面直接接触，按类别进行堆放，钢管堆放不得超过三层。

3）单节（单段）构件弯曲矢高偏差控制在 $L/1500$（L 为构件长度），且不大于 5mm；单个构件长度偏差为 ±3mm。

2. 基础复测

（1）基础杯底标高复测。基础复测时，基础杯底标高用水平仪进行复测，基础杯底标高取最高点数据，并做好记录。杯底标高找平时在杯口四周做好基准点标识，然后依据构支架埋深尺寸进行量测找平，找平采用水泥砂浆抹平。

（2）基础轴线的复测。复测时将每个基础的中心线标出后，根据构架支柱直径及 A 字柱根开尺寸进行安装限位线的标注，划线在基础表面用红漆标注。

3. 构件排杆、组装

（1）根据图纸轴线和厂家构件安装说明，制定构件平面排杆图。

（2）构件运输、卸车排放时组装场地应平整、坚实，按照构件平面排杆图一次就近堆放，尽量减少场内二次倒运。

（3）排杆时应将构件垫平、排直，每段钢柱应保证不少于两个支点垫实。

（4）钢管柱组装。组装时每段钢柱两端保证两根道木垫实，且每基钢柱组装的道木应保证在同一平面上，同时应检查和处理法兰接触面上的锌瘤或其他影响法兰面接触的附着物。组装后，对钢管根开、柱垂直高度、柱长、柱的弯曲矢高进行测量并记录。

（5）钢梁组装。

1）钢梁组装时按照钢梁预起拱值进行地面组装。

2）在初装时，用靠模将钢梁端安装孔进行固定，钢梁紧固后再拆除靠模，对组装后的钢梁应进行几何尺寸核对（主要指孔距），如图 1-147 所示。

（6）螺栓安装。

1）螺栓安装方向一致：钢柱的法兰穿向由下至上；下平面的节点板上螺栓应由下向上穿；侧面的节点板上螺栓应由里向外穿。

图1-147 杆件组装

2）螺栓用普通套筒扳手拧紧，其松紧程度应大致一样。

4. 构架组装地面验收

地面验收主要检查螺栓穿向及紧固，钢柱的根开、柱垂直高度、柱长、柱的弯曲矢高及法兰顶紧面，钢梁起拱值、组装后的总长、支座处安装孔孔距、挂线板中心偏差。

5. 构支架吊装

（1）根据场地条件和构件重量及起吊高度选择起重机械；吊装宜采用旋转法或滑移法，选择合理的吊点，进行强度验算。依据作业指导书的吊装排杆图并按照轴线和"先高后低"的吊装原则依次进行钢柱、钢梁、地线柱等构件的吊装，如图1-148所示。

（2）当柱脚接近杯底时，应从柱四周向杯口放入4～5个木楔，同时收紧四周的缆风绳，确认缆风绳全部固定并使立柱基本垂直后，才能松大钩。

6. 构支架的调整、校正

平面校正应根据基础杯口安装限位线进行根部的校正，立体校正用两台经纬仪同时在相互垂直的两个面上检测，单杆进行双向校正，人字柱以平面内和平面外进行。校正时从中间轴线向两边校正，每次经纬仪的放置位置应做好记

图1-148 构支架吊装

号，否则在测 A 字柱时会造成误差，校正最好在早晚进行，避免日照影响；柱脚用千斤顶或起道机进行调整，上部用缆风绳纠偏。

7. 基础杯口的混凝土灌浆及养护

待构支架校正结束后，清除基础杯口内掉进的泥土或积水后再进行混凝土灌浆。灌浆时用振动棒振实，不要碰击木楔，以免木楔松动而使杆子倾斜。灌浆应分两次进行，第一次灌至 2/3 基础杯口高度时，一定注意检查支架是否有偏移；养护 7d 后将木楔取出进行第二次灌浆，及时做好试块，如图 1−149 所示。

图 1−149　木楔固定、校正

8. 缆风绳的拆除

基础杯口的二次灌浆结束后构架整体形成稳定结构，待钢梁及节点上所有紧固件都复紧后方可拆除缆风绳。

9. 质量验收

（1）钢横梁组装后的标准：

1）钢横梁长度偏差为 ±10mm。

2）安装螺孔中心距偏差为 ±3mm。

3）钢梁组装后挂线板中心偏差小于等于 8mm。

4）钢梁的弯曲矢高小于等于 $L/1000$mm（L 为钢梁长度）。

（2）钢柱安装后的标准：

1）对镀锌组合钢柱弯曲矢高偏差小于等于 $H/1200$，且不大于 15mm。

2）构架柱顶面标高偏差为 10mm；设备支架顶面标高偏差为 0～−5mm（设备支架标高应满足设备无垫片安装要求）。

3）钢柱垂直度偏差小于等于 $H/1000$，且不大于 15mm。

4）法兰顶紧接触面不应小于 70% 紧贴，且边缘最大间隙不应大于 0.8mm。

（四）施工图例

施工图例如图 1-150 和图 1-151 所示。

图 1-150　架构安装实例

图 1-151　支架安装实例

（五）标准依据

（1）《电力建设施工质量验收及评定规程　第 1 部分：土建工程》（DL/T 5210.1）。

（2）《六角头螺栓 C 级》（GB/T 5780）。

二十九、钢筋混凝土杆结构安装工程

（一）适用范围

适用风电场工程构支架采用环形钢筋混凝土电杆结构的安装。

（二）工艺流程

施工准备→基础复测→构支架排杆、组装→构架组装地面验收→构支架吊装→构支架调整、校正→基础杯口的混凝土灌浆养护→缆风绳的拆除→质量验收。

（三）施工工序及验收

1. 施工准备

（1）技术准备。

1）做好图纸会审工作。

2）每个分项工程必须分级进行施工技术交底，技术交底内容要充实，具有针对性和指导性，全体施工的人员都要参加技术交底并签名，形成书面交底记录。

（2）机具准备：按照施工措施要求的工器具进行准备和检查。

（3）构件进场、验收及堆放：

1）构支架进场时，应检查出厂合格证、构架安装说明、螺栓清单等出厂资料是否齐全，以及构件的防腐质量、碰伤及变形情况；钢梁的镀锌层不得有黄锈、锌瘤、毛刺及漏锌现象。

2）堆放时用道木垫起，构件不允许与地面直接接触，以免污染镀锌层，应按类别进行堆放，电杆堆放不得超过三层。

3）混凝土电杆的质量验收标准。电杆表面应平整光滑，外壁无露筋、跑浆，内表面混凝土塌落等现象，电杆不得出现纵向裂缝，横向裂缝的宽度要求不应超过 0.1mm。

2. 基础复测

（1）基础杯底标高复测。基础复测时基础杯底标高用水平仪进行复测，基础杯底标高取最高点数据，并做好记录。杯底标高找平时在杯口四周做好基准点标识，然后依据构支架埋深尺寸进行量测找平，找平采用水泥砂浆抹平。

（2）基础轴线的复测。复测时将每个基础的中心线标出后，根据构架支柱直径及 A 字柱根开尺寸进行安装限位线的标注，划线在基础表面用红漆标注。

3. 构件排杆、组装

（1）根据施工图轴线和厂家构件安装说明，制定"构件平面排杆图"。

（2）构件运输、卸车排放时组装场地应平整、坚实，按照"构件平面排杆图"一次就近堆放，尽量减少场内二次倒运。

（3）排杆时应将构件垫平、排直，每段钢柱应保证不少于两个支点垫实。

（4）钢筋混凝土电杆组装、焊接。

1）搁置电杆的道木应排放在平整、坚实的地方，以便排杆和焊接，避免杆段的接头处在基础上方。

2）在道木上的电杆用薄板垫平、排直，而后用小木楔两边临时固定。

3）钢圈对口找正，遇到钢圈间隙大小不一时应转动杆段；不得用大锤敲击电杆的钢圈，如还不能捝缝可用气割处理，但应打出坡口，否则焊接质量难以保证，严禁填充焊接。

4）杆段全部校正后，应及时进行点焊固定，可沿周长三等分进行点焊，其位置应避开钢圈接缝。电焊的焊缝长度为钢圈壁厚的 2～3 倍，高度不宜超过设计高度的 2/3。点焊所用焊条牌号应与正式焊接用的焊条牌号相同，施工中使用的电焊条应符合设计要求，严禁使用药皮脱落或焊芯生锈的焊条。

5）电杆现场焊接工艺要求。

a. 混凝土电杆的钢圈间对接均采用手工电弧焊焊接连接，如图 1-152 所示。

b. 焊接必须经过电杆焊接培训并考试合格的焊工操作，一个焊口应连续焊成，焊完后打上焊工的钢印代号，原则上同一根杆柱，由同一焊工施焊。

c. 焊前应清除焊口及附近的铁锈及污物。

图 1-152 电杆焊接组装

d. 施焊前应做好准备工作，焊接设备必须完好，焊缝应呈平滑的细鳞形，为防止由于焊缝应力引起杆身弯曲，应采用对称焊。为了防止高温引起钢圈接头处混凝土的爆裂，应采取有效的降温措施。

e. 构架电杆钢圈厚度大于 6mm 时，应采用 V 形坡口多层焊，多层焊缝的接头应错开，收口时应将熔池填满。

6）水泥杆钢圈焊接、构件镀锌破坏处及其他非镀锌的外露铁件均应按设计图要求进行防腐处理。

7）为了保证焊缝质量，不应在雨天或雪天进行焊接。

8）带接地引下线的杆柱，吊装前应敷装接地扁铁，接地扁铁采用通长镀锌扁铁，与两端钢圈焊接，全长成直线，其朝向应符合电气要求，接地色漆完整，所有爬梯、人字杆的钢横撑、栏杆均应与接地连接。6m 以上的长杆的接地引下线应采用 25mm×4mm 的扁铁抱箍固定，消除风振噪声。构支架接地方向全站尽量做到统一，接地相位漆高度保持一致。

（5）钢梁组装。

1）钢梁组装时按照设计给定的预起拱值进行地面组装。

2）对组装好的钢梁，应测量其梁端孔距及梁长并做好记录，同时应检查节点的方向、位置，构件连接时孔距与梁端孔距是否符合图纸要求。

3）连接处采用包角钢连接时，必须与主材紧贴。

（6）螺栓安装。

1）螺栓安装方向一致：下平面的节点板上螺栓应由下向上穿；侧面的节点板上螺栓应由里向外穿。螺栓不得强行敲打，螺栓应对称拧紧，复紧后露出丝扣不少于两扣；双螺母的外露丝扣可与螺母相平。

2）螺栓用普通套筒扳手或力矩扳手拧紧，对无力矩要求的螺栓，其松紧程度应大致一样。

4. 构架组装地面验收

地面验收主要检查螺栓穿向及紧固，A 字柱的根开、柱垂直高度、柱长、柱的弯曲矢高，钢梁起拱值、组装后的总长、支座处安装孔孔距、挂线板中心偏差。

5. 构支架吊装

（1）根据场地条件采用旋转法或滑移法吊装，选择合理的吊点、吊绳，进行强度和稳定性验算。依据作业指导书的吊装排杆图并按照轴线和"先高后低"的吊装原则依次进行柱、钢梁、地线柱等构件的吊装，如图 1–153 所示。

（2）当柱脚接近杯底时，应从柱四周向杯口放入 4～5 个木楔，同时收紧四周的缆风绳，确认缆风绳全部固定并使立柱基本垂直后，才能松大钩，如图 1–154 所示。

图 1–153　构支架吊装

图 1–154　杯口木楔调整固定

（3）带避雷针的构架吊立后应及时做好临时接地。

6. 构支架的调整、校正

平面校正应根据基础杯口安装限位线进行根部的校正，立体校正用两台经纬仪同时在相互垂直的两个面上检测，单杆进行双向校正，人字柱以平面内和平面外两种方式进行。校正时从中间轴线向两边校正，每次经纬仪的放置位置应做好记号，否则在测 A 字柱时会造成误差，校正最好在早晚进行，避免日照影响；柱脚用千斤顶或起道机进行调整，上部用缆风绳纠偏。

7. 基础杯口的混凝土灌浆及养护

待构支架校正结束后，清除基础杯口内掉进的泥土或积水后再进行混凝土灌浆。灌浆时用振动棒振实，不要碰击木楔，以免木楔松动而使杆子倾斜。灌浆应分两次进行，第一次灌至 2/3 基础杯口高度时，一定注意检查支架是否有偏移；养护 7d 后将木楔取出进行第二次灌浆，及时做好试块。

8. 缆风绳的拆除

基础杯口的二次灌浆结束后构架整体形成稳定结构，待钢梁及节点上所有紧固件都复紧后方可拆除缆风绳。

9. 质量验收

（1）钢梁的质量标准：

1）钢梁组装后的总长偏差为 ±10mm；

2）安装螺孔中心距偏差为 ±3mm；

3）钢梁组装后挂线板中心偏差小于等于 8mm；

4）钢梁的弯曲矢高小于等于 $L/1000$mm（L 为钢梁长度）。

（2）混凝土杆柱的质量标准：

1）柱中心线对定位轴线的偏移量小于等于 10mm；

2）柱的垂直度偏差小于等于 $3H/2000$mm，但不大于 25mm；

3）柱弯曲矢高允许偏差小于等于 $3H/2000$mm，但不大于 25mm；

4）构架柱顶标高偏差：当柱顶标高小于等于 10m 时为 ±10mm；当柱顶标高大于 10m 时为 ±15mm；设备支架顶面标高偏差为 $0 \sim -5$mm（设备支架标高应满足设备无垫片的安装要求）。

（四）施工图例

施工图例如图 1-155 和图 1-156 所示。

图 1-155 构架及钢梁吊装

图 1-156 支架安装

（五）标准依据

《电力建设施工质量验收及评定规程 第 1 部分：土建工程》（DL/T 5210.1）。

第二章

电气安装工程

一、变压器安装工程

（一）主变压器安装工程

1. 适用范围

适用于升压站主变压器安装工艺。

2. 工艺流程

基础验收放线→设备就位→附件试验→附件安装→真空注油→油循环。

3. 施工工序及验收

（1）工艺设计对主变压器总体安装效果的要求。

1）主变压器本体与外挂的机构箱、端子箱、电缆走线槽等附件外观颜色一致；

2）主变压器布置安装定位准确，本体牢固稳定地与基础配合，防松件齐全完好；

3）套管引出线三相弛度应保持一致，并需满足设计要求及安装规范要求；

4）在电气设备安装时，用水准仪及线坠检测，使设备安装横平竖直，最大程度地做到安装无附加垫片，牢固稳定。

（2）基础（预埋件）水平误差小于 5mm。

（3）本体就位、附件吊装应满足产品说明书的要求，接口阀门密封、开启位置应预先检查。

（4）所有螺栓紧固应符合产品说明书的要求。

（5）按照设计图纸和产品图纸进行二次接线，必须核对设计图纸、产品图纸与实际装置的符合性。

（6）抽真空处理和真空注油：

1）220～330kV 变压器的真空度不应大于 133Pa。

2）220～330kV 变压器的真空保持时间不得小于 8h。

3）真空注油速率控制 6000L/h 以下，一般为 3000～5000L/h，真空注油过程维持规定的残压。

4）密封试验：24h 无渗漏。

4. 施工图例

施工图例如图 2-1 和图 2-2 所示。

5. 标准依据

（1）《电气装置安装工程质量检验及评定规程》（DL/T 5161.1～5161.17）。

（2）《电气装置安装工程高压电器施工及验收规范》（GB 50147）。

（3）《电气装置安装工程电力变压器、油浸电抗器、互感器施工及验收规范》（GB 50148）。

图 2-1　主变压器安装完毕

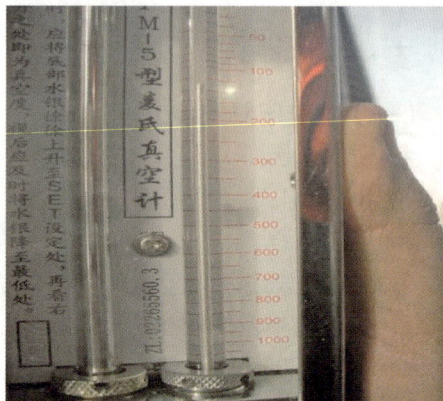

图 2-2　真空检测工具

（二）主变压器电缆敷设与安装工程

1. 适用范围

适用于升压站变压器本体电缆敷设。

2. 工艺流程

槽盒安装→电缆埋管→电缆敷设→电缆整理固定。

3. 施工工序及验收

（1）主变压器本体上的电缆需排列整齐，固定与防护措施可靠，宜采用封闭走线槽盒。各槽盒连接板的螺栓应紧固，螺母位于桥架的外侧，槽盒接地应可靠。

（2）主变压器本体上的端子箱、机构箱引出的电缆原则上应采用不锈钢槽盒保护，槽盒大小应与箱底开孔尺寸一致，高度为箱底至基础，与端子箱、机构箱的连接采用螺栓。对于采用条形基础安装的变压器，端子箱、机构箱引出的电缆允许采用镀锌钢管保护，以方便穿越卵石层至电缆沟，但需确保电缆不外露，电缆保护管排列整齐。

4. 施工图例

施工图例如图 2-3～图 2-6 所示。

5. 标准依据

（1）《电气装置安装工程质量检验及评定规程》（DL/T 5161.1～5161.17）。

（2）《电气装置安装工程高压电器施工及验收规范》（GB 50147）。

（3）《电气装置安装工程电力变压器、油浸电抗器、互感器施工及验收规范》（GB 50148）。

（4）《电气装置安装工程电缆线路施工及验收规范》（GB 50168）。

图 2-3　主变压器本体不锈钢槽盒

图 2-4　电缆槽盒与镀锌电缆管连接

图 2-5　主变压器本体端子箱电缆管敷设

图 2-6　主变压器本体固定

（三）主变压器接地工程

1. 适用范围

适用于升压站主变压器、高压电抗器等接地安装。

2. 工艺流程

接地扁铁弯制→接地扁铁敷设→接地扁铁连接→刷防腐漆及色标漆。

3. 施工工序及验收

（1）主变压器本体两点接地，分别与主接地网的不同网格相连。

（2）外壳及主变压器本体的接地牢固，且导通良好，为方便检修和拆卸，接地引线与设备本体采用镀锌螺栓搭接；宽度不同的接地排搭接时，需对较宽的接地排做倒角处理，以求工艺美观。

（3）接地体横平竖直、工艺美观。接地引线地面以上部分应采用黄绿接地漆标识，接地漆的间隔宽度为 15～100mm，顺序排列为黄—绿交替。

（4）用于地面以上的镀锌扁钢应进行必要的校直。

（5）扁钢弯曲时，应采用机械冷弯，避免热弯损坏镀锌层。

（6）焊接位置及镀锌层破损处应可靠防腐，在焊痕处 100mm 内做防腐处理。

（7）主变压器铁芯必须一点接地，连接至主接地网。

4. 施工图例

施工图例如图 2-7 所示。

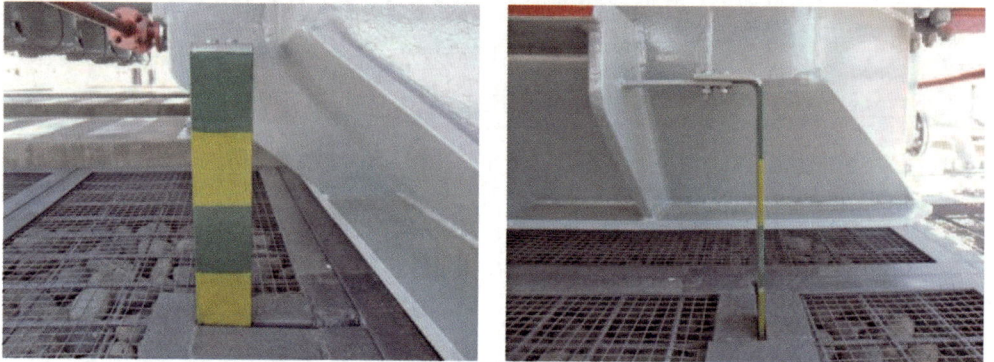

图 2-7　主变压器本体接地体安装示例

5. 标准依据

（1）《电气装置安装工程质量检验及评定规程》（DL/T 5161.1～5161.17）。

（2）《电气装置安装工程接地装置施工及验收规范》（GB 50169）。

（四）主变压器中性点设备安装工程

1. 适用范围

适用于升压站主变压器中性点设备安装。

2. 工艺流程

支架杆测量验收→设备就位→设备固定→设备调整。

3. 施工工序及验收

（1）支架标高偏差小于等于 5mm，垂直度偏差小于等于 5mm，顶面水平度偏差小于等于 2mm/m。

（2）所有安装螺栓力矩值符合产品技术要求。

（3）避雷器安装时，必须根据产品成套供应的组件编号进行，不得互换，法兰间连接可靠（部分产品法兰间有连接线）。

（4）支柱绝缘子垂直（误差小于等于 1.5mm/m）于底座平面且连接牢固，瓷柱弯曲度控制在规定的范围内。

（5）瓷柱与底座平面操作轴间的连接螺栓应紧固。

（6）导电部分的可挠软连接可靠，无折损。

（7）接线端子清洁、平整，并涂有电力复合脂。

（8）操作机构安装牢固，固定支架工艺美观，机构轴线与底座轴线重合，偏差小于等于 1mm。

（9）电缆排列整齐、美观，固定与防护措施可靠。

（10）设备底座及机构箱接地牢固，导通良好。

（11）中性点隔离开关操作灵活，触头接触可靠。

（12）设备安装垂直，误差小于等于 1.5mm/m。

（13）瓷套外观完整，无裂纹。

（14）避雷器压力释放口方向合理。

（15）所有连接螺栓需齐全、紧固。

（16）接地牢固可靠。

4. 施工图例

施工图例如图 2-8 和图 2-9 所示。

图 2-8 主变压器中性点设备安装　　图 2-9 主变压器中性点套管及放电保护间隙

5. 标准依据

（1）《电气装置安装工程质量检验及评定规程》（DL/T 5161.1～5161.17）。

（2）《电气装置安装工程高压电器施工及验收规范》（GB 50147）。

（3）《电气装置安装工程电力变压器、油浸电抗器、互感器施工及验收规范》（GB 50148）。

（4）《电气装置安装工程接地装置施工及验收规范》（GB 50169）。

（五）站内变压器安装工程

1. 适用范围

适用于升压站站用变压器安装，风电场台式变压器、箱式变压器、连接变压器（SVG 系统）安装参考执行。

2. 工艺流程

基础测量验收→设备就位→设备调整→引线连接。

3. 施工工序及验收

（1）基础（预埋件）水平误差小于 5mm。

（2）对干式变压器，绕组绝缘筒内部应清洁，无杂物。

（3）所有螺栓紧固应符合产品说明书的要求。

（4）工艺设计对站用变压器总体安装效果的要求。

1）站用变压器布置需特别考虑运行维护的人性化要求，储油柜上的油位计朝向应便于观察。

2）站用变压器高、低压套管引出线采用硬母线连接时统一加装热缩套，使运行更加安全。

3）其余安装要求同主变压器。

4）对于户内安装形式的站用变压器，要求在站用变压器与房间大门之间加装围栏，便于运行单位维护巡视。

（5）站用变压器本体固定牢固、可靠，防松件齐全、完好，接地牢固（包括低压侧中性点，铁芯一点接地），导通良好。

（6）附件齐全，安装正确，功能正常，无渗漏油。

（7）引出线支架固定牢固、无损伤，绝缘层无损伤及裂纹。

（8）裸露导体无尖角、毛刺，相间及对地距离符合《电气装置安装工程母线装置施工及验收规范》（GB 50149）的规定。

4. 施工图例

施工图例如图 2-10 和图 2-11 所示。

图 2-10 站用变压器安装　　　　图 2-11 站用变压器低压侧母线安装

5. 标准依据

（1）《电气装置安装工程质量检验及评定规程》（DL/T 5161.1～5161.17）。

（2）《电气装置安装工程高压电器施工及验收规范》（GB 50147）。

（3）《电气装置安装工程电力变压器、油浸电抗器、互感器施工及验收规范》（GB 50148）。

（4）《电气装置安装工程母线装置施工及验收规范》（GB 50149）。

（5）《电气装置安装工程电缆线路施工及验收规范》（GB 50168）。

（6）《电气装置安装工程接地装置施工及验收规范》（GB 50169）。

（六）穿墙套管安装及套管引出导线（软导线和硬母排）安装工程

1. 适用范围

适用于升压站站用变压器、电容器组等母线安装。

2. 工艺流程

穿墙套管安装→安装档距测量→母线制作→母线安装→调整固定。

3. 施工工序及验收

（1）同一平面或垂直面上的穿墙套管的顶面应位于同一平面上，其中心线位置应符合设计要求。

（2）穿墙套管直接固定在钢板上时，套管周围不得形成闭合磁路。

（3）穿墙套管垂直安装时，法兰应向下，水平安装时，法兰应在外。

（4）600A 及以上母线穿墙套管端部的金属夹板（紧固件除外）应采用非磁性材料，其与母线之间应有金属相连，接触应稳固，金属夹板厚度不应小于 3mm。当母线为两片及以上时，母线本身间应予以固定。

（5）同一平面或垂直面上的母线穿墙套管的顶面应位于同一平面上，其中心线位置应符合设计要求。

（6）安装母线穿墙套管的孔径应比嵌入部分大 5mm 以上，混凝土安装板的最大厚度不得超过 50mm。

（7）穿墙套管底座或法兰盘不得埋入混凝土或抹灰层内。

（8）档距测量数据必须准确。

（9）绝缘子串组装用的连接金具、螺栓、销钉等必须符合国家标准，球头挂板等应匹配，碗头开口方向一致，弹簧销应有足够的弹性，闭口销必须分开，并不得有折断或裂纹，严禁用线材代替。

（10）导线外观应完好，展放时应采取防止磨损的措施。

（11）线夹规格、尺寸应与导线规格、型号相符。

（12）压接模具应与被压接管配套。

（13）根据要求，对母线进行校直、平弯或立弯，弧度应自然、美观，不得有毛刺。

（14）导体搭接面紧密可靠，搭接面积符合规范要求。

（15）引线、设备连接线需要的长度一般采用实际导线逐根进行测量。

（16）导线开断断面应与轴线垂直。

（17）连接线安装时必须避免设备端子受到过大的应力，螺栓紧固力矩符合产品要求。

（18）母排弯曲。矩形母线应进行冷弯，多片母线的弯曲度应一致。母线开始弯曲处距最近绝缘子的母线固定金具边缘不应大于 $0.25L$（L 为母线两支持点间距离），但不得小于 50mm，距母线连接位置不得小于 50mm。矩形母线的最小弯曲半径应符合《电气装置安装工程母线装置施工及验收规范》（GB 50149）的规定。

（19）母排连接。矩形母线的搭接连接，其孔径和孔距应符合《电气装置安装工程母线装置施工及验收规范》（GB 50149）的要求。母线与母线、母线与分支线、母线与接线端子搭接时，其搭接面的处理应符合下列规定：

1）铜与铜：室外必须搪锡。

2）铝与铝：直接连接。

3）钢与钢：必须搪锡或镀锌，不得直接连接。

4）铜与铝：室外应采用铜铝过渡板，铜端应搪锡。

5）钢与铜或铝：钢搭接面必须搪锡。

6）所有连接螺栓应紧固。

（20）户外布置的变压器低压侧（380V）母线穿墙若采用环氧树脂绝缘板封堵则需在其上方设置雨篷，以防漏水并损坏绝缘。

（21）通常采用支撑式矩形铝排或矩形铜排。

（22）导体及绝缘子排列整齐，相间距离一致，水平偏差应小于等于 5mm/m，顶端高差应小于等于 5mm。

（23）支柱绝缘子固定牢固，导体固定松紧适当，除固定端紧固定外，其余均采用松固定，以使导体伸缩自然。

（24）导线无断股、松散及损伤，扩径导线无凹陷、变形。

（25）绝缘子外观、瓷质完好无损，铸钢件完好，无锈蚀。

（26）连接金具与导线匹配，金具及紧固件光洁，无裂纹、毛刺及凸凹不平。

（27）引下端子应正对下方（设计有其他要求时按设计），无变形、损坏。

（28）绝缘子串可调金具的调节螺母紧锁。

（29）母线三相弛度一致，符合设计要求，允许误差为 +5%～ −2.5%。

（30）上跨线上（T 形）线夹位置设置合理，引线走向自然、美观，弧度适当。

（31）设备线夹（角度）方向合理，无较大内张力。

4. 施工图例

施工图例如图 2−12 和图 2−13 所示。

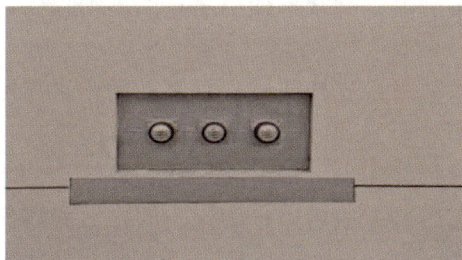

图 2−12　穿墙套管安装

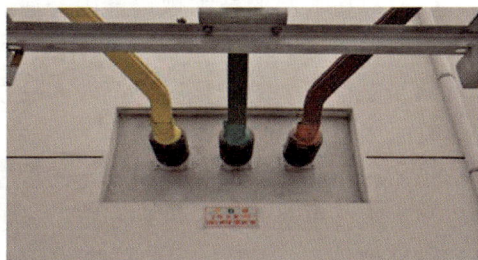

图 2−13　硬母排套管引出线安装

5. 标准依据

（1）《电气装置安装工程质量检验及评定规程》（DL/T 5161.1～5161.17）。

（2）《电气装置安装工程高压电器施工及验收规范》（GB 50147）。

（3）《电气装置安装工程母线装置施工及验收规范》（GB 50149）。

（4）《电气装置安装工程接地装置施工及验收规范》（GB 50169）。

二、组合电器安装

（一）组合电器本体安装工程

1. 适用范围

适用于升压站组合电器安装。

2. 工艺流程

基础测量验收→设备就位→设备调整固定→引线连接。

3. 施工工序及验收

（1）要求设备基础：

1）相间标高误差，电压等级为 220kV 以下小于等于 2mm，220kV 及以上小于等于 5mm；

2）同相标高误差小于等于 2mm；

3）同组间 x、y 轴线误差小于等于 1mm；

4）断路器各组中相 x、y 轴与电器室 x、y 轴线及其他设备 x、y 轴线误差，220kV 以下小于等于 3mm，220kV 及以上小于等于 5mm；

5）电器室 y 轴与室内外设备基础 y 轴误差小于等于 5mm；

6）地基表面，相邻基础埋件误差小于等于 2mm，全部基础埋件误差小于等于 5mm。

（2）部件装配应在无风沙、无雨雪、空气相对湿度小于 80% 的条件下进行，并根据产品要求严格采取防尘、防潮措施。

（3）应按产品的技术规定选用合适的吊装器具并合理使用吊点，不得损伤设备表面。

（4）支架安装的平整度应符合产品技术要求；支架或底架与基础的水平高度调整宜采用产品提供的调整垫片。

（5）应按制造厂的编号和规定的程序进行装配，不得混装。

（6）组合电器地脚应可靠固定，一般在组装完成后进行固定，固定方式有焊接和预埋螺栓：

1）预埋螺栓工艺要求。预埋螺栓中心线的误差不应大于 2mm。同类型设备地脚螺栓露出长度一致，地脚螺栓上部采用热镀锌形式。

2）焊接工艺要求。底座与预埋钢板（预埋钢板厚度宜大于 25mm）的焊接应满足厂家要求，焊接面应饱满、均匀。

（7）组装后的支架应进行校正，垂直误差不大于 $1‰H$（H 为支架总高度），最大应不大于 3mm，同一平面的支架水平误差不大于 5mm。

（8）电气一次部件连接可靠，且接触良好，二次电缆接线排列整齐、美观，固定与防护措施完善。

（9）在电气设备安装时，用水准仪及线坠检测，使设备安装横平竖直，最大程度地做到安装无附加垫片，牢固稳定。

（10）电气连接可靠，且接触良好。

（11）组合电器及其传动机构的联动正常，无卡阻现象，分、合闸指示正确，辅助开关及电气闭锁动作正确可靠。

（12）支架及接地引线应无锈蚀和损伤，接地应良好。

（13）油漆应完整，相色标志正确。

4. 施工图例

施工图例如图 2－14 所示。

5. 标准依据

（1）《电气装置安装工程质量检验及评定规程》（DL/T 5161.1～5161.17）。

（2）《电气装置安装工程高压电器施工及验收规范》（GB 50147）。

（3）《电气装置安装工程电缆线路施工及验收规范》（GB 50168）。

（4）《电气装置安装工程接地装置施工及验收规范》（GB 50169）。

（二）就地控制设备安装工程

1. 适用范围

适用于升压站就地控制设备安装。

图 2-14　GIS 设备安装

2. 工艺流程

基础测量验收→设备就位→设备调整固定→电缆穿线→电缆绑扎固定。

3. 施工工序及验收

（1）型钢基础水平误差小于等于 1mm/m，全长水平误差小于等于 2mm，型钢基础不直度误差小于等于 1mm/m，全长不直度误差小于等于 5mm。

（2）基础上如无预埋型钢可采用膨胀螺栓固定。

（3）箱柜安装垂直（误差小于等于 1.5mm/m）、牢固、完好，无损伤。

（4）箱柜底座与主接地网连接牢靠，可开启门应采用软铜绞线可靠接地。

（5）成列箱柜应在同一轴线上。汇控箱宜集中布置，有利于运行维护，并使得场地观感整洁。电缆排列整齐、美观，固定与防护措施可靠。

（6）箱柜宜采用螺栓固定，不宜采用点焊。

4. 施工图例

施工图例如图 2-15 和图 2-16 所示。

图 2-15　外端子箱安装示例

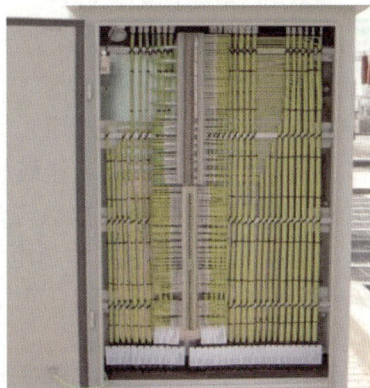

图 2-16　户外端子箱电缆排列

5．标准依据

（1）《电气装置安装工程质量检验及评定规程》（DL/T 5161.1～5161.17）。

（2）《电气装置安装工程高压电器施工及验收规范》（GB 50147）。

（3）《电气装置安装工程电缆线路施工及验收规范》（GB 50168）。

（4）《电气装置安装工程接地装置施工及验收规范》（GB 50169）。

（5）《电气装置安装工程盘、柜及二次回路接线施工及验收规范》（GB 50171）。

三、断路器安装工程

（一）适用范围

适用于升压站断路器安装。

（二）工艺流程

基础测量验收→设备就位→机构安装→SF_6充气→机构调整。

（三）施工工序及验收

（1）断路器的固定应牢固可靠，支架或底架与基础的垫片不宜超过 3 片，其总厚度不应大于 10mm，各片间应焊接牢固。

（2）断路器相间中心距离误差小于等于 5mm。

（3）所有部件（包括机构箱）的安装位置正确，并按制造厂的规定保持其应有的水平度或垂直度。

（4）瓷套外观完整，无裂纹。

（5）断路器接地牢固，导通良好。

（6）色相标示正确。

（7）断路器及其传动机构的联动正常，无卡阻现象，分、合闸指示正确，辅助开关及电气闭锁动作正确、可靠。

（8）基础中心距离误差、高度误差、预留孔或预埋件中心距离误差均应小于等于 10mm，预留螺栓中心距离误差小于等于 2mm，地脚螺栓高出基础顶面长度适当并一致。

（9）应按产品的技术规定选用合适的吊装器具吊装断口，支柱与断口对准耦合，均匀对称紧固断口与支柱连接螺栓，紧固力矩符合产品要求。

（10）SF_6断路器的气体参数应符合要求。

（11）安装时尤其需注意机构箱电缆出线是否与基础碰触，以免敷设电缆时挖开基础放管再回补。机构箱电缆孔正下方远离支架基础一定的距离；或土建做异形基础。

（12）为方便运行和检修，220kV 及以下断路器宜设置移动式操作平台但应校核平台至断路器绝缘零电位处的电气距离。

（13）在电气设备安装时，用水准仪及线坠检测，使设备安装横平竖直，最大程度地做到安装无附加垫片，牢固稳定。

（四）施工图例

施工图例如图2－17～图2－20所示。

图2－17　110kV 瓷柱式断路器

图2－18　220kV 罐式断路器

图2－19　220kV 瓷柱式断路器

图2－20　110kV 罐式断路器

（五）标准依据

（1）《电气装置安装工程质量检验及评定规程》（DL/T 5161.1～5161.17）。

（2）《电气装置安装工程高压电器施工及验收规范》（GB 50147）。

（3）《电气装置安装工程电缆线路施工及验收规范》（GB 50168）。

（4）《电气装置安装工程接地装置施工及验收规范》（GB 50169）。

四、隔离开关安装工程

（一）适用范围

适用于升压站隔离开关安装。

（二）工艺流程

支架杆测量验收→设备就位→机构箱及埋管安装→连杆安装→隔离开关调整。

（三）施工工序及验收

（1）设备底座连接螺栓应紧固，同相瓷柱中心线应在同一垂直平面内，同组隔离开关应在同一直线上，偏差小于等于5mm。

（2）导电部分的可挠软连接需可靠，无折损。

（3）接线端子应清洁、平整，并涂有电力复合脂。

（4）电缆排列整齐、美观，固定与防护措施可靠，有条件时采用封闭桥架形式。

（5）设备底座及机构箱接地牢固，导通良好。

（6）隔离开关操作灵活，触头接触可靠，闭锁正确。

（7）操作机构安装牢固，固定支架工艺美观，机构轴线与底座轴线重合，偏差小于等于1mm，同一轴线上的操作机构安装位置应一致。

（8）电缆保护管排列整齐、美观，固定与防护措施可靠，有条件时采用封闭桥架形式。封闭桥架统一采用不锈钢板制作，切割、弯折成矩形，安装边沿外翻并采用螺栓连接箱体。

（9）设备底座及机构箱接地牢固，导通良好，宜统一采用铜排，截面小，便于弯折和安装。

（10）主变压器中性点隔离开关安装，应尽可能选用中性点过电压保护成套装置，以简化安装。

（11）在电气设备安装时，用水准仪及线坠检测，使设备安装横平竖直，最大程度地做到安装无附加垫片，牢固稳定。

（四）施工图例

施工图例如图2-21～图2-24所示。

图2-21　110kV隔离开关

图2-22　220kV隔离开关

图 2-23 隔离开关主刀操作机构

图 2-24 隔离开关双接地刀闸操作机构

（五）标准依据

（1）《电气装置安装工程质量检验及评定规程》（DL/T 5161.1～5161.17）。

（2）《电气装置安装工程高压电器施工及验收规范》（GB 50147）。

（3）《电气装置安装工程接地装置施工及验收规范》（GB 50169）。

五、电流、电压互感器及避雷器安装工程

（一）适用范围

适用于升压站电流、电压互感器及避雷器安装。

（二）工艺流程

支架杆测量验收→设备就位→设备固定→电缆保护管敷设→引线连接→电缆敷设及接线。

（三）施工工序及验收

（1）设备外观清洁，铭牌标志完整、清晰，底座固定牢靠，受力均匀。

（2）并列安装的应排列整齐，同一组互感器的极性方向一致。

（3）二次接线盒、铭牌等的朝向一致，并符合设计要求。

（4）设备本体与接地网两处可靠接地，电容式套管末屏、TV 的 N 端、二次备用线圈一端可靠接地。

（5）相色标志正确。

（6）设备安装垂直误差小于等于 1.5mm/m，中心偏差小于等于 5mm。

（7）瓷套外观完整，无裂纹。

（8）避雷器压力释放口方向合理。

（9）所有连接螺栓需齐全、紧固。

（10）设备接地牢固可靠。

（11）在电气设备安装时，用水准仪及线坠检测，使设备安装横平竖直，最

大程度地做到安装无附加垫片，牢固稳定。

（12）避雷器安装时，必须根据产品成套供应的组件编号进行，不得互换，法兰间连接可靠（部分产品法兰间有连接线）。

（四）施工图例

施工图例如图2-25和图2-26所示。

图2-25　倒置式电流互感器安装

图2-26　避雷器安装

（五）标准依据

（1）《电气装置安装工程质量检验及评定规程》（DL/T 5161.1～5161.17）。

（2）《电气装置安装工程高压电器施工及验收规范》（GB 50147）。

（3）《电气装置安装工程电力变压器、油浸电抗器、互感器施工及验收规范》（GB 50148）。

（4）《电气装置安装工程电缆线路施工及验收规范》（GB 50168）。

（5）《电气装置安装工程接地装置施工及验收规范》（GB 50169）。

六、无功补偿电容器安装工程

（一）适用范围

适用于升压站内无功补偿装置电容器安装。

（二）工艺流程

基础测量验收→设备就位→设备连接固定→引线连接。

（三）施工工序及验收

1. 装配式电容器安装

（1）基础槽钢应经热镀锌处理，与埋件采用两边满焊，焊缝应经防腐处理，其顶面标高误差小于等于3mm。

（2）框架组件平直，长度误差小于等于2mm/m，连接螺孔应可调。

（3）每层框架水平误差小于等于 3mm，对角误差小于等于 5mm。

（4）总体框架水平误差小于等于 5mm，垂直误差小于等于 5mm，防腐完好。

（5）电容器应便于更换，其外壳与固定电位连接牢固可靠（内部工艺要求由制造厂提出）。

（6）熔断器排列整齐，倾斜角度符合产品要求，指示器位置正确。

（7）放电线圈瓷套无损伤，相色正确，接线牢固美观。

（8）接地刀闸操作灵活。

（9）避雷器在线监测仪接线正确。

（10）所有基础槽钢均应用镀锌扁钢连通，并至少有两点与主接地网连接，槽钢与接地引线焊接连接。

（11）基础槽钢应经热镀锌处理，与埋件采用两边满焊，焊缝应经防腐处理，其顶面标高误差小于等于 3mm。

（12）网门应装设行程开关，并需装电磁锁或机械编码锁。对于活动式网门上的电缆应采用多股软铜线电缆。

（13）在电气设备安装时，用水准仪及线坠检测，使设备安装横平竖直，最大程度地做到安装无附加垫片，牢固稳定。

2. 集合式电容器安装

（1）防松件齐全完好，引线支架固定牢固、无损伤；设备本体牢固稳定地与基础配合。

（2）附件齐全，安装正确，功能正常，无渗漏油。

（3）引出线绝缘层无损伤、裂纹，裸导体外观无毛刺尖角，相间及对地距离符合《电气装置安装工程母线装置施工及验收规范》（GB 50149）的规定。

（4）外壳及设备本体的接地牢固，且导通良好。

（5）基础（预埋件）水平误差小于 5mm。

（6）设备本体就位、附件吊装应满足产品说明书的要求，接口阀门密封、开启位置应预先检查。

（7）所有螺栓紧固应符合产品说明书的要求。

（四）施工图例

施工图例如图 2-27～图 2-29 所示。

（五）标准依据

（1）《电气装置安装工程质量检验及评定规程》（DL/T 5161.1～5161.17）。

（2）《电气装置安装工程高压电器施工及验收规范》（GB 50147）。

（3）《电气装置安装工程电力变压器、油浸电抗器、互感器施工及验收规范》（GB 50148）。

图 2-27　装配式电容器组安装

图 2-28　电容器组网门安装

图 2-29　集合式电容器组安装

（4）《电气装置安装工程母线装置施工及验收规范》（GB 50149）。

七、无功补偿电抗器安装工程

（一）适用范围

适用于升压站无功补偿装置电抗器安装。

（二）工艺流程

基础测量验收→设备就位→附件安装→真空注油→油循环→引线连接。

（三）施工工序及验收

1. 油浸式电抗器安装

（1）防松件齐全完好，引线支架固定牢固、无损伤；设备本体牢固稳定地与基础配合。

（2）附件齐全，安装正确，功能正常，无渗漏油。

（3）引出线绝缘层无损伤、裂纹，裸导体外观无毛刺尖角，相间及对地距离符合《电气装置安装工程母线装置施工及验收规范》（GB 50149）的规定。

（4）外壳及设备本体的接地牢固，且导通良好。

（5）电缆排列整齐、美观，固定与防护措施可靠，有条件时采用封闭桥架形式，设备本体上消防感应线排列美观。

（6）基础（预埋件）水平误差小于5mm。

（7）设备本体就位、附件吊装应满足产品说明书的要求，接口阀门密封、开启位置应预先检查。

（8）所有螺栓紧固应符合产品说明书的要求。

（9）按照设计图纸和产品图纸进行二次接线，必须核对设计图纸、产品图纸与实际装置的符合性。

（10）抽真空处理和真空注油：

1）220～330kV电抗器的真空度要求不应大于133Pa。

2）220～330kV电抗器的真空保持时间不得少于8h。

3）真空注油速率控制6000L/h以下，一般为3000～5000L/h，真空注油过程维持规定残压。

4）密封试验：24h无渗漏。

（11）在电气设备安装时，用水准仪及线坠检测，使设备安装横平竖直，最大程度地做到安装无附加垫片，牢固稳定。电缆敷设同主变。

2. 干式电抗器安装

（1）支柱完整、无裂纹，固定可靠；线圈无变形，绝缘漆完好。

（2）电抗器重量应均匀地分配于所有支柱绝缘子上。

（3）电抗器支柱的底座应接地，支柱的接地线不应成闭合环路。

（4）支柱绝缘子支架标高偏差小于等于5mm，垂直度偏差小于等于5mm，顶面水平度偏差小于等于2mm/m。

（5）垂直安装的电抗器，应按照产品说明书的要求进行安装，各相中心线应一致。

（6）接线端子的方向必须与设计图纸一致。

（7）电抗器支柱的底座应接地，支柱的接地线不应成闭合环路。

（8）支架宜采用玻璃钢支架。

（四）施工图例

施工图例如图2-30所示。

（五）标准依据

（1）《电气装置安装工程质量检验及评定规程》（DL/T 5161.1～5161.17）。

（2）《电气装置安装工程高压电器施工及验收规范》（GB 50147）。

（3）《电气装置安装工程电力变压器、油浸电抗器、互感器施工及验收规范》（GB 50148）。

图 2-30　干式电抗器安装

（4）《电气装置安装工程母线装置施工及验收规范》（GB 50149）。

八、母线安装工程

（一）适用范围

适用于升压站母线安装。

（二）工艺流程

档距测量→母线下料→母线压接（弯制）→母线安装固定。

（三）施工工序及验收

1. 软母线安装

（1）档距测量数据必须准确。

（2）导线外观应完好，展放时应采取防止磨损的措施。

（3）线夹规格、尺寸应与导线规格、型号相符。

（4）压接模具应与被压接管配套。

（5）软导线连接金具应与导线匹配，尽可能选用标准线夹；引（上/下）T型线夹宜统一成螺栓型，以便于后期安装。引下线及跳线线夹位置设置合理，引线走向自然、美观，弧度适当或符合设计要求。

（6）三相弛度一致，符合设计要求，允许误差为 +5%～ -2.5%。

（7）引下端子应正对下方（设计有其他要求时应符合设计要求），无变形、损坏。

2. 管型母线安装

（1）为满足挠度要求，必要时进行预拱。

（2）在地面上安装好金具、封端球，注意封端球的滴水孔应向下。

（3）管母应采用多点吊装，使其受力均匀，避免变形。

（4）按照设计图纸安装跳线，并对母线进行轴线和标高的调整。

（5）母线观感平直，端部整齐，挠度小于 $D/2$；对于支持管母线安装，施工时应对跨内有较大集中荷载的管母线段采取预拱措施，并需先计算预拱值，然后利用管母线预拱专用托架进行预拱。

（6）母线安装后三相平行，相距一致，无水平高差。

（7）支撑式管型母线安装还应注意在一段母线中，除中间位置采用紧固定外，其余均采用松固定，以使母线滑动自如并需正确设置伸缩节。

（四）施工图例

施工图例如图 2－31～图 2－33 所示。

图 2－31　管型母线安装

图 2－32　软母线安装

图 2－33　管型母线安装

（五）标准依据

（1）《电气装置安装工程质量检验及评定规程》（DL/T 5161.1～5161.17）。

（2）《电气装置安装工程高压电器施工及验收规范》（GB 50147）。

（3）《电气装置安装工程母线装置施工及验收规范》（GB 50149）。

（4）《电气装置安装工程接地装置施工及验收规范》（GB 50169）。

九、升压站盘柜安装工程

（一）适用范围

适用于升压站保护控制盘柜、直流系统盘柜、高压开关盘柜、无功补偿系统盘柜安装。

（二）工艺流程

基础测量验收→盘柜就位→盘柜位置调整及固定→电缆敷设→电缆绑扎固定→二次电缆接线。

（三）施工工序及验收

接线前组织接线人员参观学习以往接线工艺美观的变电站工程，然后规划本工程中机构箱、保护盘柜、端子箱的接线方式。根据电缆线的型号大小、数量多少采用扎把式及网格均布分列式相结合的方法接线，做到电缆芯线排布均匀、横平竖直、清晰明了，并且先做出一个样板，全站按照样板进行施工，二次接线不但在工艺上达到了工艺美观，而且对运行单位检查运行提供了方便。

1. 采用活动地板的主控室

（1）对采用抗静电活动地板的主控室内的屏间距、屏墙间距，尽量设计为地板规格的整数倍。

（2）抗静电活动地板下可设计小型电缆排架。继电器室内有大电缆接入的屏，屏位布置在边角，便于大电缆接入。

（3）屏盘宜为同一颜色（驼灰色 Z44）、同一尺寸（800mm×600mm×2260mm）。

2. 盘、柜安装

（1）盘、柜体底座与基础连接牢固，导通良好，可开启屏门用软铜导线可靠接地。

（2）盘、柜面平整，附件齐全，门销开闭灵活，照明装置完好，盘、柜前后标识齐全、清晰。

（3）盘、柜体垂直度误差小于 1.5mm/m，相邻两柜顶部水平误差小于 2mm，成列柜顶部水平误差小于 5mm；相邻两柜盘面误差小于 1mm，成列柜面盘面误差小于 5mm，相间接缝误差小于 2mm。

（4）屏柜（箱）基础型钢垂直度、尺寸、水平应控制在电气施工规范要求内，成列屏基础型钢两端与接地网应可靠连接。

（5）屏、柜安装时，其垂直度、水平偏差及屏、柜面偏差和屏柜间接缝的允许偏差应符合表 2-1 的规定。

表 2-1 　　　　　　　　　　　盘、柜安装的允许偏差

项　　目		允许偏差（mm）
垂直度（每米）		＜1.5
水平偏差	相邻两屏顶部	＜2
	成列屏顶部	＜5
屏面偏差	相邻两屏边	＜1
	成列屏面	＜5
屏间接缝		＜2

3. 盘、柜接地

（1）防火封堵前，保护屏外壳明显接地柱处，应采用截面面积大于等于 $4mm^2$ 的多股双色软铜线和接地网引上线直接连接，并注意防止被防火泥封住。

（2）可开启的门，应用截面面积大于等于 $4mm^2$ 的多股双色软铜线与接地的金属构件可靠接地，如图 2-34 所示。

（3）控制电缆铠装层接地应采用截面面积为 $4mm^2$ 的双色接地线与屏（箱）接地连接，铜屏蔽层接地应采用截面面积为 $4mm^2$ 的双色接地线接在抗干扰铜排上，编织成扁平状压接接地且需少于 6 根；铠装层、铜屏蔽层压接或焊接方法应牢固，如图 2-35 所示。

图 2-34 屏柜本体和柜门的接地安装

图 2-35 屏柜内电缆屏蔽层接地

4. 屏内配线

（1）电流回路应采用电压不低于 500V 的铜芯绝缘导线，其截面面积不应小于 $2.5mm^2$；其他回路截面面积不应小于 $1.5mm^2$。

（2）连接门上的电器等可动部位的导线应采用多股软导线，敷设长度应有适当裕度；线束应有外套塑料管等加强绝缘层；与电器连接时，端部应绞紧，并应加终端附件或搪锡，不得松散、断股；在可动部位两端应用卡子固定。

（3）电缆排列整齐，编号清晰，无交叉，固定牢固，不得使所接的端子排受到机械应力。

（4）芯线按垂直或水平有规律地配置，排列整齐、清晰、美观，回路编号正确，绝缘良好，无损伤。

（5）二次回路接地应设专用螺栓，接至专用接地铜排。

（6）每根配线的两端都应套上方向套，其大小按线径选择。电缆芯方向套应用专用打印机打印，不得用手写，屏柜（箱）内配线应绝缘良好、无损伤，无中间接头，配线走向应横平竖直、排列整齐、无交叉，导线弯曲半径大于或等于 3 倍导线直径。配线应固定牢固，不得使所接的端子排受到机械应力。强、弱电回路，双重化回路，交直流回路应分别成束分开排列。电缆芯线绑扎成束，间距一致，要求为 100～120mm。

（7）每个接线端子的每侧接线宜为 1 根，不得超过 2 根（其中电流、电压等重要回路每侧接线应为 1 根）；当接 2 根导线时，中间应加平垫片。对于插接式端子，严禁不同截面的 2 根导线接在同一个端子上。

（8）正负电源间至少隔一个空端子。跳闸出口端子应用一个空端子隔开，在跳闸端子的上下方不应设置正电端子。

（9）对隔开的空端子的处理方法。应加入空端子，在空端子上编英文字母"K"，不计入端子排数。

（10）交流电压、电流线如电缆芯线有色分时黄、绿、红、蓝应分别接 A、B、C、N。

（11）配线编号正确清晰，号牌应与电缆相对应，不得交叉。电缆号牌应用截面面积为 $6mm^2$ 的单芯铜芯线（两端应弯成 90°）衬垫。

（12）备用芯的处理。每根电缆的备用芯其中外部一根应套上电缆编号的方向套并单独捆绑。电缆备用芯扎成一束后，应对线头处套上保护套（线帽）。保护套（线帽）应根据电缆芯规格选择大小。套入线帽前应对备用线芯进行切割整齐。备用线芯必须套入线帽（包括槽盒内）。

（13）所有一次大电流回路螺杆式导通接触的外部应加双螺母，不宜用弹垫。

（14）单根铜芯线接入插入式端了时，其剥出的铜芯长度应与端子深度相吻合，达到铜芯不外露的效果。多股铜芯线采用压接式连接时，其剥出的软铜芯长度应与插入式鼻子相吻合，达到铜芯不外露的效果。

（15）光缆敷设时，施放次序应是先长光缆后联络光缆。施放时，光缆应从上端引出，并应避免光缆在支架、地面上硬拉摩擦，防止伤及光缆绝缘和缆芯；当光缆在继电保护室电缆层桥架上拉动时，应在桥架拐角处做好防护措施，以防止电缆损坏。光缆上不得有压扁、绞拧、护层折裂等机械损伤。光纤软电缆在户内敷设时，必须套保护套或采用进槽方法。对于厂家提供的尾纤光缆，应穿设保护软管。光缆敷设弯曲半径不小于光缆直径的 25 倍。尾纤弯曲半径静态下不小于光缆直径的 10 倍，动态下不小于 20 倍。熔纤盘内接续光纤单盘留量不小于 500mm，转弯半径不小于 30mm；尾纤附量不小于 200mm，转弯半径不小于 30mm。

5. 直流系统安装

（1）蓄电池应排列一致、整齐，放置平稳。

（2）蓄电池需进行编号，编号清晰、齐全。

（3）蓄电池间连接线连接可靠，整齐、美观。

（4）蓄电池上部或蓄电池端子上应加盖绝缘盖，以防止发生短路。

（5）蓄电池支架要求固定牢靠，水平度误差小于等于 5mm。

（6）蓄电池组与直流屏之间连接电缆的预留孔洞位置适当，以使电缆走向合理、美观。

（7）蓄电池的安装必须按照设计图纸或厂家图纸及提供的连接排（线）情况进行。

（8）蓄电池组各级电池之间连接线搭接处清洁后涂电力复合脂，并用力矩扳手紧固，力矩大小应符合厂家的要求。

（9）蓄电池连接的同时，将单体电池的采样线同步接入，接入前确认采样装置侧已接入，以免发生短路；采样线排列整齐，工艺美观。

（10）蓄电池组安装应平稳，间距均匀，高低一致，排列整齐。蓄电池接线端子上方加装保护罩，避免导线外露。蓄电池组的编号与监测装置内的编号一致，如图 2-36 所示。

图 2-36 蓄电池组安装

6. 无功补偿直挂式 SVG 及降压式 SVG 设备盘柜安装

（1）无功补偿直挂式 SVG 及降压式 SVG 设备盘柜安装参考升压站盘柜安装方法。

（2）功率柜安装需注意通风散热系统安装并及时检查滤网。

（3）功率柜就位后，应首先安装风道，将风道固定后再对功率柜底座进行焊接，防止固定底座后造成风道无法安装到位的情况。

（四）施工图例

施工图例如图 2-37~图 2-40 所示。

图 2-37　屏柜安装

图 2-38　柜内二次接线

图 2-39　无功补偿系统盘柜安装

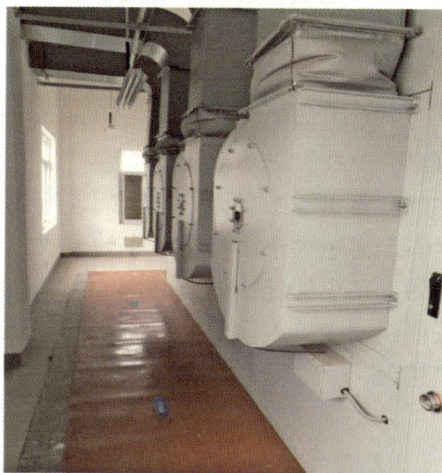

图 2-40　无功补偿系统风道安装

（五）标准依据

（1）《电气装置安装工程质量检验及评定规程》（DL/T 5161.1~5161.17）。

（2）《电气装置安装工程高压电器施工及验收规范》（GB 50147）。

（3）《电气装置安装工程电缆线路施工及验收规范》（GB 50168）。

（4）《电气装置安装工程接地装置施工及验收规范》（GB 50169）。

（5）《电气装置安装工程盘、柜及二次回路接线施工及验收规范》（GB 50171）。

十、全站电缆设施安装和防火封堵工程

（一）适用范围
适用于升压站电缆设施安装和防火封堵。

（二）工艺流程
电缆敷设布置设计→电缆敷设→电缆整理→电缆绑扎固定→刷防火涂料→安装防火板及防火隔墙。

（三）施工工序及验收

1. 全站电缆设施安装

在电缆沟内支架上敷设电缆时，应自上而下进行。在竖井及沟道内的支架上放置电缆时除交流系统用单芯电缆外，电力电缆间水平净距不宜小于 1 倍电缆外径。除交流系统用单芯电力电缆的同一回路可采取品字形配置外，对重要的同一回路多根电力电缆，不宜叠置。控制和信号电缆可紧靠或多层叠置。电缆沟内支架采用成品支架。电缆支架安装螺栓应有保护帽，如图 2-41 所示。

图 2-41　电缆沟内电缆敷设示例

在电缆支架加工前做好模子，保证加工出的支架横平竖直；在支架安装施工时，调整好间距，在支架上带上直线，点焊完毕后，再用水平尺检测每个支架的平整度进行调整，然后进行满焊，做到电缆沟中全部支架平整、整齐美观。

（1）二次电缆和 1kV 电力电缆敷设。电缆在二次电缆沟支架上的位置，从上到下的排列顺序为：站用变馈线电缆、照明电缆、直流电缆、控制电缆、通信电缆。

为满足运行的可靠性，对消防、报警、应急照明、断路器操作直流电源、计算机监控、双电缆沟相交时，交叉口应加装电缆支架，以防电缆下垂。

（2）高压电缆敷设。高压电缆在敷设时应预留适当长度以备在更换电缆头等情况下仍能作一定切割，不致更换整根电缆。高压电缆间水平净距不小于 1 倍电缆外径。

（3）户内外交接。户内外交接处电缆支架位置应根据实际的电缆敷设情况调整，保证电缆过渡顺畅。

图2-42　电缆竖井处电缆敷设

（4）电缆竖井。大型成品电缆竖井应有可开启或可拆卸的门，沿竖井设置固定的金属爬梯，如图2-42所示。

2. 防火封堵

（1）敷设阻燃电缆的电缆沟每隔80～100m设置一个隔断，敷设非阻燃电缆的电缆沟宜每隔60m设置一个隔断，一般设置在临近电缆沟交叉处。

（2）防火墙中间采用无机堵料、防火包或耐火砖堆砌，其厚度一般不小于250mm，两侧采用厚度为10mm以上的防火隔板封隔。

（3）防火墙顶部用有机堵料填平整，并加盖防火隔板；底部必须留有两个排水孔洞，排水孔洞处可利用砖块砌筑。

（4）防火墙应采用热镀锌角钢做支架进行固定。

（5）电缆沟底、防火隔板的中间缝隙应采用有机堵料做线脚封堵，其厚度大于防火墙表层的10mm，宽度不得小于20mm，呈几何图形，面层平整。

（6）防火墙上部的电缆盖上应涂刷红色的明显标记。

（7）电缆沟内防火墙两侧的电缆防火封堵。两侧电缆周围要利用有机堵料进行密实分隔包裹，其两侧厚度大于防火墙表层的20mm，电缆周围的有机堵料宽度不得小于30mm，面层平整。在防火墙两侧、电力电缆接头两侧、进入开关柜或经电缆层进屏柜的电缆需刷防火涂料，涂刷长度不小于1.0m，刷厚度应大于等于1.0mm。

（8）电缆竖井在零米层与隧（沟）道的接口，以及穿过各层楼板的竖井口，竖井的长度大于7m时，每隔7m应设置阻火分隔。

（9）盘柜底部、端子箱底部铺设厚度为10mm的防火板，孔隙、缺口及电缆周围采用有机堵料进行密实封堵，并做线脚，线脚厚度不小于10mm，宽度不小于20mm，电缆周围有机堵料宽度不小于40mm，呈几何图形，两面平整。

（10）预留盘柜孔洞的防火封堵。预留盘柜孔洞底部铺设厚度为10mm的防火板，在孔隙口用有机堵料进行密实封堵，并做线脚，线脚厚度不小于10mm，宽度不小于20mm。用防火包填充或无机堵料浇筑，塞满孔洞。在预留孔洞上部再采用钢板或防火板进行加固，以确保作为人行通道的安全性。如预留的孔洞过大应采用槽钢或角钢进行加固，将孔洞缩小后方可加装防火板，孔洞的规格应小于400mm×400mm。

（11）电缆管口采用有机堵料严密封堵，管径小于 50mm 的堵料嵌入的深度不小于 50mm，露出管口的厚度不小于 10mm；随着管径增加，堵料嵌入管子的深度和露出管子的厚度也相应增加，管口堵料呈圆弧形。二次接线盒留孔处采用有机堵料将电缆均匀密实包裹，缺口、缝隙处使用有机堵料密实地嵌入并做线脚，线脚厚度不小于 10mm，宽度不小于 20mm，电缆周围宽度不小于 40mm，呈几何图形，两面平整，如图 2-43 所示。

图 2-43 电缆管口防火封堵

（四）施工图例

施工图例如图 2-44 和图 2-45 所示。

图 2-44 电缆沟内防火墙施工示例

图 2-45 屏柜内电缆防火施工示例

（五）标准依据

（1）《电气装置安装工程质量检验及评定规程》（DL/T 5161.1～5161.17）。

（2）《电气装置安装工程高压电器施工及验收规范》（GB 50147）。

（3）《电气装置安装工程电缆线路施工及验收规范》（GB 50168）。

（4）《电气装置安装工程盘、柜及二次回路接线施工及验收规范》（GB 50171）。

十一、接地安装工程

（一）适用范围

适用于升压站接地安装。

（二）工艺流程

接地极制作、接地扁铁弯制→接地沟放线开挖→接地极安装→接地扁铁敷设→接地扁钢与接地极连接→防腐处理→接地沟回填。

（三）施工工序及验收

1. 主接地网敷设

（1）根据设计图纸对主接地网敷设位置、网格大小进行放线，接地沟开挖深度以设计或规范要求的最高标准为准，且留有一定的余度，如图 2-46 所示。

（2）扁钢弯曲时，应采用机械冷弯，避免热弯损坏镀锌层。

（3）焊接位置及镀锌层破损处应可靠防腐，在焊痕处 100mm 内做防腐处理。

（4）主接地网的接地扁钢一般采用垂直排放。主接地网敷设时应在各柱、设备处将接地引线引出地面，以备引接到柱和设备。

（5）主接地线在电缆沟、电缆隧道、建筑物等下方经过时，不得浇制在混凝土中。接地体在通过道路、管道、墙壁及其他可能受机械损伤的地方，应采取保护措施，如使用钢管或角铁加以保护等。

（6）在接地体（线）跨越建筑物伸缩缝处时，应设置补偿器。补偿器可用接地体本身弯成。

（7）在做设备接地时应注意细部处理，使接地扁铁与设备基础接触紧密牢固，遇到大拐弯处，转弯弧度顺着走，小拐角做成鸭脖弯形状，外观自然美观。

（8）水平接地体宜采用热镀锌扁钢，垂直接地体宜采用热镀锌角钢。

（9）接地体顶面埋深应符合设计规定，当设计无规定时，不应小于 0.6m。

（10）垂直接地体间的距离不宜小于其长度的 2 倍，水平接地体的间距应符合设计规定，当设计无规定时不宜小于 5m。

（11）接地体的连接应采用焊接，焊接必须牢固、无虚焊，焊接处做好可靠防腐，搭接面及焊接防腐应满足规范要求，如图 2-47 所示。

图 2-46　室外主接地敷设

图 2-47　室外主接地焊接

2. 户内地网敷设

（1）接地体宜采用热镀锌扁钢，宜明敷。

（2）接地线的安装位置应合理，便于检查，不妨碍设备检修和运行巡视。接地线的安装应美观，防止因加工方式不当造成接地线截面减小、强度减弱、容易生锈。

（3）支持件间的距离，在水平直线部分应为0.5～1.5m，垂直部分应为1.5～3m，转弯部分宜为0.3～0.5m。

（4）接地线应水平或垂直敷设，也可与建筑物倾斜结构平行敷设，在直线段上，不应有高低起伏及弯曲等现象，如图2-48所示。

（5）接地线沿建筑物墙壁水平敷设时，离地面距离宜为250～300mm，接地线与建筑物墙壁间的间隙宜为10～15mm。

（6）在接地线跨越建筑物伸缩缝、沉降缝时，应设置补偿器，补偿器可用接地线本身弯成弧状代替。

图2-48 室内接地线安装

（7）导体的全长度或区间段及每个连接部位附近的表面，应涂以15～100mm宽度相等的绿色或黄色相间的条纹标识。当使用胶带时，应使用双色胶带，中性线宜涂淡蓝色标识。

（8）在接地线引向建筑物的入口处和在检修用临时接地点处，均应刷白色底漆并标以黑色标识，其代号为"⟂"，同一接地体不应出现两种不同的标识。

（9）明敷的镀锌扁钢应进行必要的校直。

（10）扁钢弯曲时，应采用机械冷弯，避免热弯损坏镀锌层。

（11）焊接位置及镀锌层破损处应可靠防腐，在焊痕处100mm内做防腐处理。

3. 接地体（线）焊接

接地体（线）焊接应采取搭接焊，其搭接长度应符合如下规定：

（1）扁钢为其宽度的2倍（且至少有3个棱边焊接）。

（2）圆钢为其直径的6倍。

（3）扁钢与圆钢焊接时，其长度为圆钢直径的6倍。

（4）扁钢与角钢（或钢管）焊接时，应由扁钢弯成直角形（或圆弧形）后再与角钢（或钢管）相焊接（且应在其接触部分两侧进行焊接）。

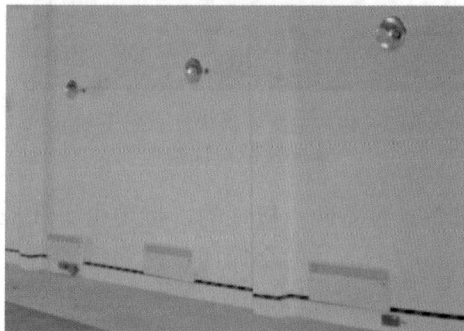

图2-49　主变压器中性点引下线
涂刷淡蓝色标识

4. 接地标识

（1）接地体表面应涂以 15～100mm 宽度相等的绿色和黄色相间的条纹标识。

（2）主变压器及站用变压器（中性点）中性线引下线标淡蓝色，如图2-49 所示。

（3）交流中性汇流母线不接地者为紫色，接地者为紫色带黑色条纹。

（4）接地标识应统一。

5. 接地注意事项

（1）电气设备的接地，应以单独的接地线与接地网（或接地干线）相连接，不得在一条接地线上串联两个及以上电气设备。设备两点接地的，接地引下线应分别与主接地网的不同网格相连。

（2）活动的金属门、网门等都应进行接地和跨接地工作。

（3）明敷接地线支持件间的间距，在水平直线部分宜为 0.5～1.5m，垂直部分宜为 1.5～3m，转弯部分宜为 0.3～0.5m。

（四）施工图例

施工图例如图 2-50 和图 2-51 所示。

图2-50　室外设备接地安装

图2-51　设备接地引下

（五）标准依据

（1）《电气装置安装工程质量检验及评定规程》（DL/T 5161.1～5161.17）。

（2）《电气装置安装工程高压电器施工及验收规范》（GB 50147）。

（3）《电气装置安装工程母线装置施工及验收规范》（GB 50149）。

（4）《电气装置安装工程接地装置施工及验收规范》（GB 50169）。

十二、变电站其他辅助电气设施安装工程

（一）适用范围

适用于端子箱、汇控柜、检修箱、照明动力设施、监控报警设施等。

（二）施工工序及验收

1. 场坪内端子箱、汇控柜、检修箱等小设备安装

场坪内端子箱、汇控柜、检修箱等小设备基础高出地面150mm，与电缆盖板平齐。箱门离开基础100mm，便于开启。整个工程端子箱基础位置距电缆沟的距离统一。

2. 照明和动力设施安装

（1）灯具固定牢固，安装垂直、统一，轴线偏差符合规范要求，同类灯具高度统一，双面照射或多面照射的灯具，转动灵活。

（2）照明回路通电正常，符合设计要求。

（3）引线口封堵严密，接地可靠。

（4）同种类的照明箱、配电箱、开关、插座应高度统一，布置相对集中。

（5）事故照明开关特别标识，便于应急。

（6）户外照明统一定位，安装高度便于维修。各类灯具及杆件应明显接地。站前区照明须便于值守人员在值守室控制。

（7）位于户外的风机箱应采用不锈钢箱体。

3. 监控、报警设施安装

监控探头、报警探头要设计定位。探头倾斜安装时，倾斜角不大于45°。导线接头应在线盒内焊接或用端子连接，管内不应有接头或扭结。

4. 安全工器具存放

安全工器具应统一标识，存放规范，试验合格。

（三）施工图例

施工图例如图2－52～图2－55所示。

图2－52　室内照明灯具安装

图 2-53　室外照明灯具安装

图 2-54　室内监控探头　　　　　图 2-55　室外监控探头

（四）标准依据

（1）《电气装置安装工程质量检验及评定规程》（DL/T 5161.1～5161.17）。

（2）《电气装置安装工程高压电器施工及验收规范》（GB 50147）。

第三章

线 路 工 程

第一节　电力电缆工程

一、电力电缆线路工程

（一）适用范围

适用于风电场场区内电力电缆工程施工。

（二）工艺流程

施工准备→电缆沟开挖→铺砂→电缆敷设→铺砂盖砖→回填土→埋标志桩。

（三）施工工序及验收

1. 施工准备

（1）电缆应具有出厂合格证、试验报告等质量证明文件。

（2）施工前应对电缆进行详细检查。电缆的规格、型号、截面、电压等级、长度等均符合设计要求。

（3）电缆外观完好无损，铠装无锈蚀、无机械损伤、无明显皱褶和扭曲现象。电缆外护套及绝缘层无老化及裂纹。

2. 电缆沟开挖

（1）通过现场勘查，了解电缆所经地区的管线或障碍物的情况，并在适当位置进行样沟的开挖，开挖深度应大于电缆埋设深度。

（2）按电缆设计路径开挖沟槽，开挖深度应满足设计要求，电缆表面距离地面不应小于 0.7m，如图 3-1 和图 3-2 所示。

图 3-1　开挖成型电缆沟

图 3-2　测量电缆沟开挖深度

（3）沟槽底部遇到树根、块石等杂物应清除干净；开挖完毕，注意做好排水及防范雨水灌槽。

（4）在寒冷地区施工，开挖深度还应满足电缆敷设于冻土层之下，或采取穿管等特殊措施。

3. 铺砂

（1）电缆下面覆盖厚度为 10cm 的砂土或软土。

（2）铺砂宽度应超过电缆两侧 5cm。

4. 电缆敷设

（1）电缆与电缆相互净距不小于 250mm，电缆与光缆之间的距离不小于 250mm，光缆之间的距离不小于 50mm，电缆或光缆距离沟壁的最小距离不小于 100mm。

（2）电缆敷设时，电缆应从电缆盘的上端引出，不应使电缆在地面上摩擦拖拉。

（3）电缆在转弯处敷设时，必须满足电缆的转弯半径要求。电缆排列整齐，弯曲一致，电缆同路径顺行敷设时电缆在转弯处不应出现交叉。

（4）电缆敷设前，在线盘、转角处使用专用转弯机具，将电缆盘、牵引机和滚轮等布置在适当的位置，电缆盘应有刹车装置。电缆应有牵引头，机械敷设时，应在牵引头或钢丝网套与牵引钢丝绳之间安装防捻器。

（5）牵引强度符合验收规范中的要求，机械敷设电缆速度不宜超过 15m/min，在电缆牵引头、电缆盘、牵引机、过路管口、转弯处及可能造成电缆损伤处应采取保护措施，有专人监护并保持通信畅通。

（6）电缆敷设经过的路径坡度超过 30°时，采用固定装置进行固定。

（7）冬季敷设电缆，温度达不到规范要求时，应将电缆提前加温。

（8）并列电缆的接头位置宜相互错开，且净距不宜小于 0.5m。

5. 铺砂盖砖

电缆上面与电缆下面一样，覆盖厚度为 10cm 的砂土或软土，然后用砖或电缆盖板将电缆盖好，覆盖宽度应超过电缆两侧 5cm。

6. 回填土

（1）回填土的土质要对电缆外护套无腐蚀性。

（2）回填土应及时并分层夯实。

7. 埋标志桩

（1）直埋电缆在直线段每隔 50～100m 处，以及电缆接头、转弯、进入建筑物等处应设置明显的电缆标志桩。

（2）标志桩应牢固，标志应清晰。

（四）施工图例

施工图例如图 3-3 和图 3-4 所示。

图 3-3　直埋电缆沟开挖图　　　　图 3-4　电力电缆机械敷设

（五）标准依据

（1）《电气装置安装工程电缆线路施工及验收规范》（GB 50170）。

（2）《电气装置安装工程质量检验及评定规程》（DL/T 5161.1～5161.17）。

二、电缆终端制作工程

（一）适用范围

适用于风电场冷缩电缆终端制作工程。

（二）工艺流程

施工准备→工作棚架搭建→附件开箱检查保管→开剥内外护套及钢铠→安装三指套→安装冷缩式直管→屏蔽层、半导体层处理→导体压接→安装终端头→质量验收。

（三）施工工序及验收

1. 施工准备

（1）编制电缆安装技术措施。

（2）组织安装技术人员培训。

（3）按施工要求准备机具并对其性能及状态进行检查和维护。

（4）按施工要求准备附件、耗材等。

2. 工作棚架搭建

（1）电缆安装环境要求。电缆终端在制作时要防潮、防沙，不应在雨天、雾天、大风天制作。

（2）具有足够的可操作空间。

（3）使用附件临时存放应满足要求。

（4）在气温较低时，帐篷内必须有加温设备，以保证电缆头制作时的环境温度要求。

（5）施工中要保证手、工具和材料的清洁。

3. 附件开箱检查保管

（1）附件外观质量满足相关要求。

（2）附件型号、规格与设计要求相符。

（3）附件数量与装箱单一致。

（4）附件包装符合要求。

（5）按要求对附件材料进行存放。

4. 开剥内外护套及钢铠

（1）按照生产商工艺文件施工，电缆终端制作前应根据设备接线位置不同端子的距离要求进行放样裁制。

（2）从剥切电缆开始应连续操作至完成，尽量缩短主绝缘暴露时间，如图 3－5 所示。

（3）剥切电缆时不应损伤线芯和保留的绝缘层。

（4）切除钢铠时，可以用大恒力弹簧临时将钢铠固定，防止钢铠在切除过程中松散，如图 3－6 所示。

（5）剥切电缆保护层时不得损伤下一层结构，护套断口要均匀整齐，不得有尖角及缺口。

（6）电缆开线应防止尘埃、杂物落入绝缘内，严禁在雾天或雨中施工。

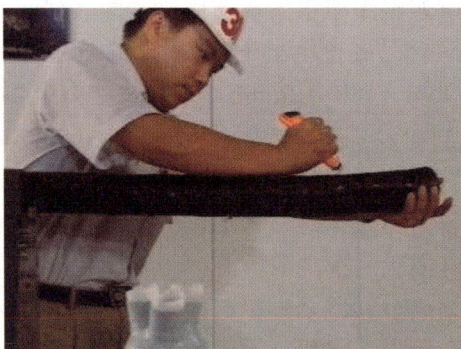

图 3－5　电缆剥切

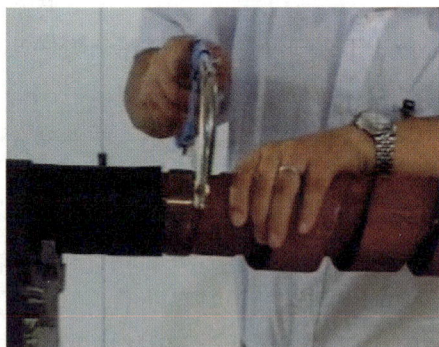

图 3－6　钢铠切除

5. 安装三指套

三指套安装如图 3－7 所示，具体要求如下：

（1）钢铠接地与铜屏蔽带接地分开，如图3-8所示。

（2）钢铠接地后，在弹簧及钢铠外绕包胶带，使铜屏蔽接地与钢铠接地部分绝缘。

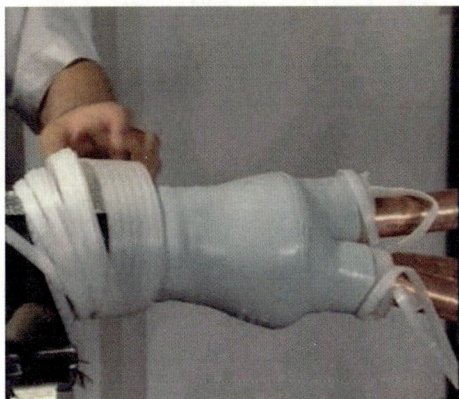

图3-7　三指套安装

图3-8　屏蔽接地与钢铠接地施工

（3）接地线应被防水密封条紧密包裹，最外层用高压粘胶带紧密缠绕，以防水汽沿接地线渗入，如图3-9所示。

（4）接地线与钢带和铜屏蔽带采用焊接或电缆终端附件中自带的弹簧卡圈进行连接；接地线应采用镀锡编织带，压接编织带的铜鼻子应搪锡。

6. 安装冷缩式直管

冷缩式直管安装如图3-10所示，具体要求如下：

图3-9　缠绕高压粘胶带密封

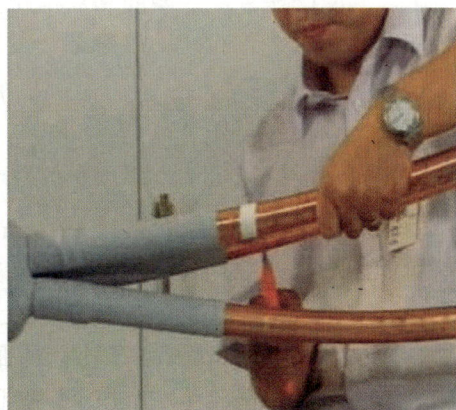

图3-10　冷缩式直管安装、铜屏蔽层处理

（1）冷缩式直管之间至少搭接 15mm。

（2）铜屏蔽带不能出现松散、打结情况，否则铜屏蔽带会钩住芯绳。

7. 屏蔽层、半导电层处理

（1）铜屏蔽带切口处可用 PVC 带绑扎切割，要求断口平整，在半导电层上不能有切痕，屏蔽带尖角不能扎入半导电层内。

（2）用刀剥除半导电层时，下刀 2/3 深，不能伤及电缆主绝缘层。不能用火加热半导体层，以免造成绝缘缺陷，撕半导电层接近环切口时，沿圆周方向撕去。

（3）对半导电层的剥离长度，不同的电缆附件要求各不相同。电缆头在制作时，必须按照附件的要求尺寸进行半导电层的剥离。

（4）绝缘层打磨工序完成后，要使用专用的清洁纸进行清洗。

8. 导体压接

（1）压接管压好后应磨去棱角、锐边并擦净，压接深度应均匀。

（2）压接接头电阻不应大于导线电阻的 1.2～1.5 倍，能承受一定的拉力。

（3）用砂纸或锉刀磨去压接管上的尖角、毛刺和棱边，并清洁干净，在打磨接管时要防止金属屑落在主绝缘上。

9. 安装终端头

（1）清洁电缆外表，并涂上硅油，按尺寸套入预制件或安装主体于标记位置。

（2）应力锥和预制件只能用无水酒精而非其他清洁剂清洁。

（3）重要部件，特别是应力锥、预制件、安装主体的内表面及配合面间不能造成刮痕，部件之间配合良好。

（4）6kV 以上电力电缆的终端和接头，应有改善电缆屏蔽端部电场集中的有效措施，并应确保外绝缘相间和对地距离。

（5）相色带绕包应统一、规范，线路铭牌应挂在终端接头的明显处。

10. 质量验收

质量验收的内容如下：

（1）电缆出厂合格证、出厂试验报告、现场试验报告、电缆安装记录及质量评定记录、施工图及变更设计的说明文件。

（2）外观检查、绑扎固定、安全距离等。

（3）应经检测绝缘电阻、直流耐压和泄漏试验，试验标准应符合国家标准的规定。

（四）施工图例

施工图例如图 3－11 所示。

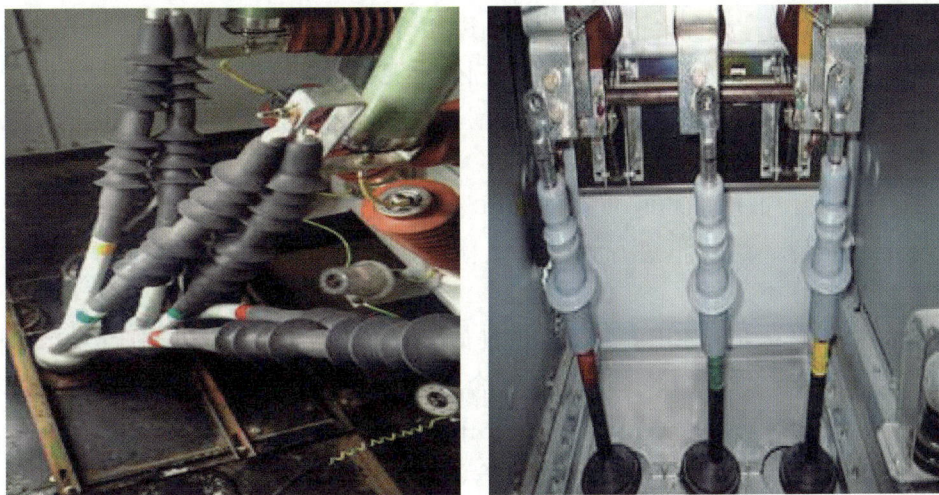

图 3－11　电缆终端制作效果图

（五）标准依据

（1）《电气装置安装工程质量检验及评定规程》（DL/T 5161.1～5161.17）。

（2）《电气装置安装工程电缆线路施工及验收规范》（GB 50168）。

（3）《电气装置安装工程电气设备交接试验标准》（GB 50150）。

第二节　架空输电线路工程

一、开挖式基础工程

（一）适用范围

适用于开挖式基础施工工程。

（二）工艺流程

施工准备→线路复测→分坑→开挖→钢筋绑扎→安装模板→地脚螺栓或插入式角钢安装→混凝土浇筑→养护、拆模→回填。

（三）施工工序及验收

1. 施工准备

（1）材料准备。

1）水泥。基础所使用的水泥需经检验符合工程混凝土水泥的使用要求，水泥在出厂时应保证出厂强度等级，各项技术应符合设计要求。水泥在使用前必须进行抽样复检，若复检不合格，则不得投入工程使用。若水泥出厂超过 3 个月，或虽未超过 3 个月，但保管不善时，必须进行检验，合格后方可使用。库存堆放水泥的高度不得超过 10 包，并用防潮板垫起，水泥在保管过程中必须每月翻包一次。水泥因保管不良受潮结块时必须进行检验，合格后方能使用。变更水泥的厂家或强度等级时必须重新检验。

2）钢筋。钢筋进场时应有产品质量证明书，对其进行外观检查，并按有关标准规定取、送样，进行力学性能检验，其质量必须符合现行国家标准的规定。

3）砂。混凝土所使用的轻骨料严禁使用海砂等咸水砂，砂进场后按相关标准要求检验，有害物质含量小于 1%，砂含泥量及泥块含量应符合下列要求：

a. 混凝土等级小于 C30，含泥量小于等于 5.0%；泥块含量小于等于 2.0%。

b. 混凝土等级大于或等于 C30，含泥量小于等于 3.0%；泥块含量小于等于 1.0%。

4）石子。石子尽量选用同一产地的产品，级配良好，进场后应检验。混凝土所选用的粗骨料为碎石，从现场采样回来并做试验鉴定，合格后才能使用。

5）施工用水。采用饮用水，如使用河水、湖水、井水等，应经检测合格后方可使用。

6）模板。应选用表面平整，有一定强度、刚度的材料。

（2）作业准备。混凝土搅拌前应对拌制设备进行检查、维修、保养。混凝土搅拌机及其他机械设备进场、就位，并搭设混凝土搅拌棚；夜间施工配备足够的照明设备。混凝土搅拌前，应测定砂、石含水率，并根据测试结果调整材料用量，提出施工配合比。

（3）技术准备。

1）做好图纸会审工作，熟悉设计文件和图纸，进行详细的现场调查，了解地形与地上物。掌握地质情况，预测可能出现的情况并制定有针对性的安全施工技术措施。

2）施工前，每个分项工程必须分级进行施工技术交底。技术交底内容要充实，具有针对性和指导性。全体施工人员应参加技术交底并签名，形成书面交底记录。

2. 线路复测

（1）测量用的仪器及量具在使用前应进行检查。

（2）档距复测宜采用全站仪或卫星定位施测。施测时，应以设计提供的坐标值为依据进行检验或校核。

（3）分坑测量前应依据设计提供的数据复核设计给定的杆塔中心桩，并应以此作为测量的基准。

（4）复测有下列情况之一时，应查明原因并予以纠正：

1）以相邻两直线桩为基准，其横线路方向偏差大于 50mm。

2）杆塔位中心桩或直线桩的桩间距离相对于设计值的偏差大于 1%。

3）转角桩的角度值，用方向法复测时对设计值的偏差大于 1′30″。

4）转角杆塔中心桩位移未满足设计要求。

5）塔基断面与设计文件不符。

（5）对以下地形危险点处应重点复核：

1）导线对地距离有可能不够的地形凸起点的标高。

2）杆塔位间被跨越物的标高。

3）相邻杆塔位的相对标高。

3．分坑

（1）根据设计要求在分坑前或分坑后进行降基处理、基面平整。

（2）分坑要做出明确的挖坑范围，分坑时要注意基础边坡的距离。

（3）分坑时应根据杆塔位中心桩的位置设置用于质量控制及施工测量的辅助桩。对于施工中不便于保留的杆塔位中心桩，应在基础外围设置辅助桩，并保留原始记录。

4．开挖

（1）土石方施工应符合设计要求，减少需要开挖以外地面的破坏，合理选择弃土的堆放点。杆塔基础施工基面的开挖应以设计图纸为准，按不同地质条件确定开挖边坡。基面开挖后应无积水，边坡应无坍塌。

（2）基坑开挖时，应保护好杆塔中心桩和复测时所钉的辅助桩，如设计中心桩需挖掉，应保护好补钉中心桩的辅助桩。

（3）采用机械开挖基坑，距设计深度为 300～400mm 时，宜改用人工开挖。

（4）易积水的杆塔位，应在基坑的外围修筑排水沟，防止雨水流入基坑造成坑壁坍塌。

（5）土质边坡或易于风化的岩石边坡，在开挖时应采取相应的排水和坡脚护面保护措施，以确保边坡稳定。

（6）将基础控制线引至基坑内，设置好控制桩，并核实其准确性。按照基坑轴线位置，安装混凝土垫层模板，浇灌混凝土垫层。混凝土垫层浇捣应密实、平整，厚度应符合设计要求。混凝土垫层浇筑完毕后，应浇水养护，如图 3－12 和图 3－13 所示。

图 3-12　基坑平整

图 3-13　基础垫层施工

图 3-14　基础钢筋绑扎

5. 钢筋绑扎

（1）钢筋接头以搭接方式为主，双面焊缝，焊接长度为 $5d$（d 为钢筋直径），当采用单面焊接时，其焊接长度必须达到 $10d$ 以上。

（2）绑扎或焊接的钢筋笼和钢筋骨架不得有变形、松脱和开焊。

（3）钢筋的加工形状、尺寸必须符合设计要求，钢筋表面应洁净、无损伤，油渍、漆污和铁锈等应在使用前清除干净，带有颗粒状或片状的老锈钢筋不得使用，如图 3-14 所示。

（4）在基坑底部，按几何中心线画出立柱位置尺寸，并应有明显的标志。绑扎一定要固定牢靠，避免在浇筑混凝土时钢筋移动造成立柱轴线移位。

（5）钢筋绑扎成形后，要反复核查，配制钢筋的类别、根数、直径和间距应符合图纸规范及设计要求。

6. 安装模板

（1）模板安装前应对其尺寸进行检查，是否符合设计要求，有无变形、裂缝等。

（2）模板安装后应仔细检查各部件是否牢固，在浇灌混凝土过程中要经常检查，如发现变形、松动、下沉等现象，要及时修整加固。

（3）模板经调整并检查符合要求后，应立即安装固定模板的支撑，如图 3－15 所示。

（4）施工现场应有可靠的能满足模板安装和检查需用的测量控制点或控制桩。

图 3－15　模板支护及地脚螺栓安装

7. 地脚螺栓或插入式角钢安装

（1）地脚螺栓安装。

1）安装前，必须检查地脚螺栓的规格尺寸是否符合设计要求。

2）在现场组装地脚螺栓时，注意每根螺栓的高度应一致，地脚螺栓的根开应与设计要求一致并注意不要变形。

3）重量较轻的地脚螺栓安装时，可用地脚螺栓板将其固定组成一组，待浇制至一定高度以后再放地脚螺栓进行调校。

4）重量较大的地脚螺栓安装时，应在扎筋前先组装好地脚螺栓，并用地脚螺栓板固定好，调校好其高度及本身螺栓的根开，拧紧螺栓，将其吊起以后再进行钢筋绑扎。

5）地脚螺栓安装尺寸调校好以后，应固定并注意在施工过程中不要碰撞，以免影响安装尺寸，基础浇制过程中及浇制完以后，都应注意复核地脚螺栓的安装尺寸，如图 3－15 所示。

6）对于转角塔、终端塔的受压腿和受拉腿，地脚螺栓规格可能不相同，必须核对确认无误后方准安装。

（2）插入式角钢安装。

1）安装前，必须检查插入式角钢的规格尺寸是否符合设计要求。

2）基础插入式角钢的调整及固定采用专用固定架，控制采用双拉杆三点固定法（双调节杆和混凝土垫块固定）。调节杆由角钢（或钢管）、花兰螺栓、防扭螺栓、固定铁板组成，后端与打入地下的角铁桩用螺栓相连，前端与主角钢相连，分别控制主角钢的倾斜率和横线路和顺线路的两个面。

（3）角钢安装调校好以后，应固定并注意在施工过程中不要碰撞，以免影响安装尺寸。

（4）在浇制过程中，用仪器监视角钢间的相对距离，方向、相对高度及倾斜度必须准确。

8. 混凝土浇筑

（1）混凝土灌筑前首先对模板、钢筋的安装质量进行全面检查，钢筋是隐蔽工程，其检查结果应做好记录，应将模板或基槽内的积水、垃圾和钢筋上的油污、泥土清理干净，模板中的缝隙和孔洞也应予以堵塞。

（2）混凝土坍落度应控制在合理范围之内。

（3）在混凝土浇灌及振捣过程中，应密切注意模板及支撑木是否有变形、下沉、移动及漏浆等现象，发现后应立即处理，如图 3－16 所示。

（4）混凝土振捣时，要做到"快插慢拨"，快插，可防止先将表面的混凝土振实，与下面的混凝土发生分层、离析等现象；慢拨，可防止振动棒抽出时形成孔洞。

（5）雨天不宜露天搅拌和浇灌混凝土；如果浇灌，必须及时覆盖，防止雨水冲刷和增大水灰比。

（6）基础混凝土灌筑完毕后，拆去地脚螺栓丝扣的保护套，再一次检查地脚螺栓的根开和同组地脚螺栓中心对主柱中心的偏移，检查基础根开及对角线尺寸是否符合要求。超出允许误差的，应在混凝土初凝前调整合格并在周围灌浆。

（7）方形基础直角棱边容易出现脆裂、表层脱落、棱角损伤等问题，可以采用倒角工艺，如图 3－17 所示。

图 3－16　线路基础混凝土浇注　　　　图 3－17　基础倒角工艺

9. 养护、拆模

（1）当气温高于 5℃时，基础应经常淋水养护，采取覆膜、浇水、喷淋洒水等措施进行保湿、潮湿养护，次数应保持混凝土基础具有足够的湿润状态，如图 3-18 所示。

（2）养护初期，水泥反应较快，需水也多，所以要特别注意在灌筑以后几天的养护工作；浇水次数以能保持混凝土具有足够的湿润状态为宜，养护所用的水与浇制水相同。

（3）拆模后基础各项尺寸应符合设计要求，棱角应不受损坏，表面应光滑，无麻面、蜂窝、露筋等现象。

图 3-18 基础覆膜养护

10. 回填

（1）基坑的回填，应分层夯实，夯实后的耐压力不应低于原状土。

（2）凡是要夯实的土壤，在夯实过程中应有次序地沿四周均匀夯实，避免基础移动和倾斜，如图 3-19 所示。

图 3-19 基坑回填夯实

（3）基础回填土完毕，基础周围场地应平整，如基础位于山坡上，应在基础坑之外离底板边至 1m 以外的山坡上方侧开挖排水沟，避免基础附近积水。

（4）防沉层的上部边宽不得小于坑口边宽，其高度视土质夯实程度确定，一般以 300～500mm 为宜。

（四）施工图例

施工图例如图 3-20～图 3-23 所示。

图 3-20　台阶式基础成品图

图 3-21　板式基础成品图

图 3-22　插入式基础成品图

图 3-23　基础回填后效果

（五）标准依据

（1）《110kV～750kV 架空输电线路施工及验收规范》（GB 50233）。

（2）《建设用砂》（GB/T 14684）。

（3）《建设用卵石、碎石》（GB/T 14685）。

（4）《通用硅酸盐水泥》GB 175）。

（5）《钢筋焊接及验收规程》（JGJ 18）。

（6）《110kV～750kV 架空输电线路施工质量检验及评定规程》（DL/T 5168）。

（7）《电气装置安装工程 66kV 及以下架空电力线路施工及验收规范》（GB 50173）。

（8）《混凝土强度检验评定标准》（GB/T 50107）。

二、灌注桩基础工程

（一）适用范围

适用于输电线路杆塔灌注桩基础工程。

（二）工艺流程

施工准备→复测、分坑→埋设护筒→钻机就位→造浆→钻进成孔→清孔→检测坑孔→下钢筋笼→设立导管→灌注混凝土→清除浮浆及提护筒→承台或连梁施工。

（三）施工工序及验收

1. 施工准备

（1）材料准备。

1）水泥。基础所使用的水泥需经检验符合工程混凝土水泥的使用要求，水泥在出厂时应保证出厂强度等级，各项技术应符合设计要求。水泥在使用前必须进行抽样复检，若复检不合格，则不得投入工程使用。若水泥出厂超过 3 个月，或虽未超过 3 个月，但保管不善时，必须进行检验，合格后方可使用。库存堆放水泥的高度不得超过 10 包，并用防潮板垫起，水泥在保管过程中必须每月翻包一次。水泥因保管不良受潮结块时必须进行检验，合格后方能使用。变更水泥的厂家或强度等级时必须重新检验。

2）钢筋。钢筋进场时应有产品质量证明书，对其进行外观检查，并按有关标准规定取、送样，进行力学性能检验，其质量必须符合现行国家标准的规定。

3）砂。混凝土所使用的轻骨料严禁使用海砂等咸水砂，砂进场后按相关标准要求检验，有害物质含量小于 1%，砂含泥量及泥块含量应符合下列要求：

a. 混凝土等级小于 C30，含泥量小于等于 5.0%；泥块含量小于等于 2.0%。

b. 混凝土等级大于等于 C30，含泥量小于等于 3.0%；泥块含量小于等于 1.0%。

4）石子。石子尽量选用同一产地的产品，级配良好，进场后应检验。混凝土所选用的粗骨料为碎石，从现场采样回来并做试验鉴定，合格后才能使用。

5）施工用水。采用饮用水，如使用河水、湖水、井水等，应经检测合格后方可使用。

6）模板。应选用表面平整，有一定强度、刚度的材料。

（2）作业准备。

1）平整场地，按中心桩施工基面将基础施工范围内的场地进行平整，清除地面上的障碍物，修通机械、车辆进场的道路。

2）根据设计的钢筋笼长度及分段，设置钢筋笼加工棚，还应设置备用电源、水泥储放棚、砂石堆放场及出渣场。

3）成桩的机械必须经鉴定合格，不合格的机械不得使用；桩基础施工前必须编写桩基础施工方案及措施。

（3）技术准备。

1）做好图纸会审工作，熟悉设计文件和图纸，进行详细的现场调查，了解地形与地上物。掌握地质情况，预测可能出现的情况并制定有针对性的安全施工技术措施。

2）施工前，每个分项工程必须分级进行施工技术交底。技术交底内容要充实，具有针对性和指导性。全体施工人员应参加技术交底并签名，形成书面交底记录。

2. 复测、分坑

（1）测量用的仪器及量具在使用前应进行检查。

（2）档距复测宜采用全站仪或卫星定位施测。施测时，应以设计提供的坐标值为依据进行检验或校核。

（3）分坑测量前应依据设计提供的数据复核设计给定的杆塔中心桩，并应以此作为测量的基准。

（4）复测有下列情况之一时，应查明原因并予以纠正：

1）以相邻两直线桩为基准，其横线路方向偏差大于 50mm。

2）杆塔位中心桩或直线桩的桩间距离相对于设计值的偏差大于 1%。

3）转角桩的角度值，用方向法复测时对设计值的偏差大于 $1'30''$。

4）转角杆塔中心桩位移未满足设计要求。

5）塔基断面与设计文件不符。

（5）对以下地形危险点处应重点复核：

1）导线对地距离有可能不够的地形凸起点的标高。

2）杆塔位间被跨越物的标高。

3）相邻杆塔位的相对标高。

３. 埋设护筒

（1）护筒位置应埋设正确，护筒与坑壁之间应用黏土填实。护筒中心与桩位中心偏差不得大于 50mm；单桩基础护筒偏差应满足验收规范中整基基础尺寸允许偏差的规定。

（2）护筒埋设深度在黏土中不宜小于 1m，在砂土中不宜小于 1.5m，并保持孔内泥浆面高出地下水位 1m 以上。受江河水位影响的桩基础工程，应严格控制护筒内外的水位差。

４. 钻机就位

钻机就位应符合下列要求：钻机中心与桩基础中心偏差不得大于 50mm；钻杆中心偏差应控制在 20mm 以内。钻机底座下方用道木垫实，钻杆用扶正器固定，确保钻机找正后不发生移动。安装钻机时，应将机台调平，转盘中心应与钻架上吊滑轮在同一垂直线上。

５. 造浆

（1）制浆的性能和技术指标一般由泥浆密度、黏度、含砂率、胶体率四项指标来确定。

（2）调制钻孔泥浆时，根据钻孔方法、地质情况及桩本身条件等选用不同泥浆性能指标。

６. 钻进成孔

（1）为使钻进成孔正直，防止扩大孔径，应使钻头旋转平稳，力求钻杆垂直无偏晃地钻进，即钻杆尽量在受拉状态下工作，如图 3-24 所示。

（2）在松软土层中钻进，应根据泥浆补给情况控制钻进速度；在硬土层中的钻进速度以钻机不发生跳动为准。

（3）当一节钻杆钻完时，应先停止转盘转动，然后吊起钻头至孔底 200～300mm，并继续使用反循环系统将孔底沉渣排净，再接钻杆继续钻进。钻杆连接应拧紧牢靠，防止螺栓、螺母、拧卸工具等掉入坑内。

图 3-24　机械钻孔

（4）钻进过程中应及时校正钻机钻杆，确保不斜孔。泥浆的黏度应符合设计要求，钻孔内的水位必须高出地下水位 1.5m 以上。如果发生斜孔、塌孔、护筒周围冒浆，应停钻并采取措施后再继续钻进。

（5）成孔后应立即检查成孔质量，并填写施工记录。成孔后尺寸应符合下列规定：孔径的负偏差不得大于 50mm；孔垂直度应小于桩长 1%；孔深不应小于设计深度。

7. 清孔

（1）在一般地质条件下，旋转钻机清孔应优先采用反循环系统。

（2）在粉砂层和淤泥地质条件下，才可使用正循环系统清孔。

（3）下钢筋笼后，必须进行二次清孔。

（4）清孔后须将钻杆稍稍提起使其空转，并启动泥浆循环系统，将孔内沉渣排出。

8. 检测坑孔

（1）坑孔直径是否符合设计要求。

（2）坑孔是否存在塌方现象。

（3）通过钻杆长度检测坑孔深度。

9. 下钢筋笼

（1）钢筋笼在吊装前应进行强度验算，防止钢筋笼变形。吊装钢筋笼进入坑孔内，应避免碰撞护筒和孔壁，如图 3-25 所示。

图 3-25　吊装钢筋笼

（2）吊装安放时应使钢筋笼轴线与桩孔轴线重合。

（3）钢筋骨架应符合设计要求，制作允许偏差应符合下列规定：主筋间距允许偏差应为 ±10mm；箍筋间距允许偏差应为 ±20mm；钢筋骨架直径允许偏差应为 ±10mm；钢筋骨架长度允许偏差应为 ±50mm。

（4）钢筋骨架安装前应设置定位钢环、混凝土垫块等保证保护层厚度的措施。钢筋骨架吊装中应避免碰撞孔壁，就位符合设计要求后应随即牢固。当钢筋骨架重量较大、尺寸较长时，应有防止吊装变形的措施。

10. 设立导管

（1）导管接头宜用法兰或双螺纹方扣快速接头。

（2）导管提升时，不得挂住钢筋笼。

11. 灌注混凝土

（1）混凝土初灌量应有足够的混凝土储备量，灌注过程中混凝土浇制不得中断，使导管下端一次埋入混凝土的深度为 0.8～1.2m。

（2）提管时，根据灌注桩基础施工规范要求，导管埋入混凝土的深度应保持 2～3m，以 1.5～2m 为宜，严禁导管提出混凝土面。

（3）为保证桩顶浇制质量，最后一次浇筑混凝土，应保证反浆层至少有 1.2m 可以破除。

12. 清除浮浆及提护筒

在钢护筒未拔出前，先用人工将桩顶部混浆层挖出，如条件不许可，应立即将钢护筒拔出，待开挖桩基础上部基坑时，再将混浆层清除。

13. 承台或连梁施工

（1）承台（连梁）施工应在桩基础检测和验收合格后方可进行。

（2）桩顶疏松混凝土全部凿去（混凝土强度等级达到设计强度的 70% 以上方可破桩头），如桩顶低于设计标高，则须用同级混凝土接长并达到一定强度，将埋入承台的桩顶部分凿毛，用水和钢刷冲洗干净。

（3）模板必须有足够的强度、刚度和稳定性，不得产生变形；模板面应平整光滑、拼缝严密、不漏浆，支撑牢固。

（4）安装地脚螺栓要垂直、尺寸准确、固定牢靠。地脚螺栓中心与立柱中心、承台中心三线重合，偏差不大于 10mm，并保证螺栓凸出混凝土立柱面的高度符合设计图纸的要求。

（5）复核基础根开符合设计要求，然后浇制。

（四）施工图例

施工图例如图 3-26 和图 3-27 所示。

图 3-26　灌注桩基础成品　　　　图 3-27　灌注桩连梁基础成品

（五）标准依据

（1）《110kV～750kV 架空输电线路施工及验收规范》（GB 50233）。

（2）《建设用砂》（GB/T 14684）。

（3）《建设用卵石、碎石》（GB/T 14685）。

（4）《通用硅酸盐水泥》（GB 175）。

（5）《混凝土结构工程施工质量验收规范》（GB 50204）。

（6）《混凝土强度检验评定标准》（GB/T 50107）。

（7）《建筑桩基技术规范》（JGJ 94）。

（8）《钢筋焊接及验收规程》（JGJ 18）。

（9）《110kV～750kV 架空输电线路施工质量检验及评定规程》（DL/T 5168）。

（10）《电气装置安装工程 66kV 及以下架空电力线路施工及验收规范》（GB 50173）。

三、掏挖式基础工程

（一）适用范围

适用于集电线路掏挖式基础施工。

（二）工艺流程

施工准备→线路复测→基础分坑→基坑掏挖→基础钢筋制作、安装→混凝土浇筑→养护→回填。

（三）施工工序及验收

1. 施工准备

（1）材料准备。

1）水泥。基础所使用的水泥需经检验符合工程混凝土水泥的使用要求，水泥在出厂时应保证出厂强度等级，各项技术应符合设计要求。水泥在使用前必须进行抽样复检，若复检不合格，则不得投入工程使用。若水泥出厂超过 3 个月，或虽未超过 3 个月，但保管不善时，必须进行检验，合格后方可使用。库存堆放水泥的高度不得超过 10 包，并用防潮板垫起，水泥在保管过程中必须每月翻包一次。水泥因保管不良受潮结块时必须进行检验，合格后方能使用。变更水泥的厂家或强度等级时必须重新检验。

2）钢筋。钢筋进场时应有产品质量证明书，对其进行外观检查，并按有关标准规定取、送样，进行力学性能检验，其质量必须符合现行国家标准的规定。

3）砂。混凝土所使用的轻骨料严禁使用海砂等咸水砂，砂进场后按相关标准要求检验，有害物质含量小于 1%，砂含泥量及泥块含量应符合下列要求：

a. 混凝土等级小于 C30，含泥量小于或等于 5.0%；泥块含量小于或等于 2.0%。

b. 混凝土等级大于或等于 C30，含泥量小于或等于 3.0%；泥块含量小于或等于 1.0%。

4）石子。石子尽量选用同一产地的产品，级配良好，进场后应检验。混凝土所选用的粗骨料为碎石，从现场采样回来并做试验鉴定，合格后才能使用。

5）施工用水。采用饮用水，如使用河水、湖水、井水等，应经检测合格后方可使用。

6）模板。应选用表面平整，有一定强度、刚度的材料。

（2）作业准备。混凝土搅拌前应对拌制设备进行检查、维修、保养。混凝土搅拌机及其他机械设备进场、就位，并搭设混凝土搅拌棚；夜间施工配备足够的照明设备。混凝土搅拌前，应测定砂、石含水率，并根据测试结果调整材料用量，提出施工配合比。

（3）技术准备。

1）做好图纸会审工作。

2）施工前，每个分项工程必须分级进行施工技术交底。技术交底内容要充实，具有针对性和指导性。全体施工人员应参加技术交底并签名，形成书面交底记录。

2. 线路复测

（1）测量用的仪器及量具在使用前应进行检查。

（2）档距复测宜采用全站仪或卫星定位施测。施测时，应以设计提供的坐标值为依据进行检验或校核。

（3）分坑测量前应依据设计提供的数据复核设计给定的杆塔中心桩，并应以此作为测量的基准。

（4）复测有下列情况之一时，应查明原因并予以纠正：

1）以相邻两直线桩为基准，其横线路方向偏差大于 50mm。

2）杆塔位中心桩或直线桩的桩间距离相对于设计值的偏差大于 1%。

3）转角桩的角度值，用方向法复测时对设计值的偏差大于 $1'30''$。

4）转角杆塔中心桩位移未满足设计要求。

5）塔基断面与设计文件不符。

（5）对以下地形危险点处应重点复核：

1）导线对地距离有可能不够的地形凸起点的标高。

2）杆塔位间被跨越物的标高。

3）相邻杆塔位的相对标高。

3. 基础分坑

（1）根据设计要求在分坑前或分坑后进行降基处理、基面平整。

（2）分坑要做出明确的挖坑范围，分坑时要注意基础边坡的距离。

4. 基坑掏挖

（1）根据基坑开挖尺寸先挖出样洞，深度约为300mm。样洞直径宜比设计的基础尺寸小 30～50mm。样洞挖好后应复测根开、对角线等尺寸，符合设计要求后方能再继续开挖。

（2）基坑主柱挖掘过程中为防止超挖，每挖掘进 0.5m，在坑中心吊一垂球检查坑位及主柱直径。

（3）掏挖基坑的方法以人工掏挖为主，使用凿、钢钎、大锤等工具进行，成孔施工要保证土质的整体性和稳定性，为保证掏挖孔径断面不至于过大，可采取先掏挖后修整的程序。

（4）基础主柱开挖深度距设计要求埋深尚有 100～200mm 时，检查主柱直径正确后，用钢尺在主柱坑壁上量出基础底部掏挖部分位置线。

（5）由掏挖位置线下方 20～40mm 外开始挖掘扩大头部分。

（6）基坑开挖至距设计要求埋深尚有约 50mm 时，在基坑底部钉出基坑中心桩，边挖掘边检查尺寸，直至基坑周边尺寸符合施工图要求。

（7）基坑底部应预留 50mm 暂不挖，待清理基坑时再进行修整。

5. 基础钢筋制作、安装

（1）钢筋接头以搭接方式为主，双面焊缝，焊接长度为 $5d$，当采用单面焊接时，其焊接长度必须达到 $10d$ 以上，如图 3－28 所示。

（2）绑扎或焊接的钢筋笼和钢筋骨架不得有变形、松脱和开焊。

（3）钢筋的加工形状、尺寸必须符合设计要求，钢筋表面应洁净、无损伤，油渍、漆污和铁锈等应在使用前清除干净，带有颗粒状或片状的老锈钢筋不得使用，如图 3－29 所示。

图 3－28　钢筋搭接面检查图　　　图 3－29　掏挖基础下钢筋笼后成品图

（4）在基坑底部，按几何中心线画出立柱位置尺寸，并应有明显的标志。绑

扎一定要固定牢靠，避免在浇筑混凝土时钢筋移动造成立柱轴线移位。

（5）钢筋绑扎成形后，要反复核查，配制钢筋的类别、根数、直径和间距应符合图纸规范及设计要求。

6. 混凝土浇筑

（1）混凝土灌筑前首先对模板、钢筋的安装质量进行全面检查，钢筋是隐蔽工程，其检查结果应做好记录，应将模板或基槽内的积水、垃圾和钢筋上的油污、泥土清理干净，模板中的缝隙和孔洞也应予以堵塞。

（2）混凝土坍落度应控制在合理范围之内。

（3）在混凝土浇灌及振捣过程中，应密切注意模板及支撑木是否有变形、下沉、移动及漏浆等现象，发现后应立即处理。

（4）雨天不宜露天搅拌和浇灌混凝土；如果浇灌，必须及时覆盖，防止雨水冲刷和增大水灰比。

7. 养护

（1）当气温高于 5℃时，基础应经常淋水养护，次数应保持混凝土基础具有足够的湿润状态。

（2）养护初期，水泥反应较快，需水也多，所以要特别注意在灌筑以后几天的养护工作；浇水次数以能保持混凝土具有足够的湿润状态为宜，养护所用的水与浇制水相同。

8. 回填

（1）基坑的回填，应分层夯实，夯实后的耐压力不应低于原状土。

（2）凡是要夯实的土壤，在夯实过程中应有次序地沿四周均匀夯实，避免基础移动和倾斜。

（四）施工图例

施工图例如图 3 – 30 所示。

图 3 – 30　掏挖桩基础基坑成品

（五）标准依据

（1）《110kV～750kV 架空输电线路施工及验收规范》（GB 50233）。

（2）《建设用砂》（GB/T 14684）。

（3）《建设用卵石、碎石》（GB/T 14685）。

（4）《通用硅酸盐水泥》（GB 175）。

（5）《钢筋焊接及验收规程》（JGJ 18）。

（6）《混凝土结构工程施工质量验收规范》（GB 50204）。

（7）《混凝土强度检验评定标准》（GB/T 50107）。

（8）《110kV～750kV 架空输电线路施工质量检验及评定规程》（DL/T 5168）。

（9）《电气装置安装工程 66kV 及以下架空电力线路施工及验收规范》（GB 50173）。

四、悬浮抱杆分解组塔工程

（一）适用范围

适用于架空线路自立铁塔的分解组立。

（二）工艺流程

施工准备→抱杆起立→地面组装铁塔→铁塔底部吊装→抱杆提升→铁塔上部吊装→抱杆拆除→铁塔检修→质量检验。

（三）施工工序及验收

1. 施工准备

（1）材料准备。对进入现场的塔材应进行清点和检验，保证进场材料的质量符合相关要求。

（2）作业准备。

1）对进入施工现场的机具、工器具进行清点、检验或现场试验，确保施工工器具完好并符合相关要求。

2）根据安全文明施工的要求和铁塔结构，配备相应的安全设施。

（3）技术准备。

1）熟悉设计文件和塔图，并进行详细的现场调查，编写施工作业指导书，及时进行技术交底。

2）铁塔组立前应对施工场地进行平整。根据现场情况选择拉线布置方式，避让障碍物，不能避开的障碍物应采取有效可靠的措施保证施工安全。

2. 抱杆起立

（1）抱杆起立前应将抱杆按顺序组合并调整，接头螺栓齐全并紧固到位，将朝天滑车及抱杆临时拉线与抱杆帽连接，将起吊钢绳穿入朝天滑车内。

（2）一般情况下采用小型人字抱杆整体起立悬浮抱杆，根据施工现场情况也可以选择利用塔腿单扳整立法和利用塔腿整体吊装法起立抱杆。这两种方法需要先扳立4根塔腿主材，并用组装完成的3个塔身侧面将抱杆扳立或吊起。

3. 地面组装铁塔

（1）应根据抱杆的升起高度、抱杆的承载能力及施工工况确定构件的分片、分段及所带构件的数量，控制好每吊塔片的结构重量。

（2）地面组装塔片时应考虑好组装形成的塔片重心位置及吊点绳的绑扎位置，根据施工现场的情况、构件有无方向限制等确定构件布置位置，留出操作空间，以方便吊绳、偏拉绳的绑扎及方向控制。

（3）地面组装塔片时应注意铁塔螺栓组装工艺要求。一般情况下按"水平隔面结构从下向上，斜隔面结构从斜下向斜上，立体结构从内向外，单立面结构横线路方向从左向右穿螺栓，顺线路放线由送电侧向受电侧"的原则进行，局部可以进行调整。

（4）用螺栓连接构件时，螺杆应与构件面垂直，螺栓头平面与构件不应有空隙。螺母拧紧后，螺杆露出螺母的长度：单螺母应不小于两个螺距，双螺母可与丝扣平齐。

4. 铁塔底部吊装

铁塔底部吊装如图3-31所示，具体要求如下：

（1）如采用人字小抱杆整体扳立悬浮抱杆，待抱杆起立、四周拉线打好后，在抱杆两侧将铁塔对称的两面构件在地面组装完成，使用抱杆采取扳立或者吊立的方法将两片铁塔构件起立，与地脚螺栓或插入角钢连接并打好各侧拉线防止构件倾覆，然后及时补足另外两面塔材。

（2）如采用先立塔腿，再用塔腿构件起立抱杆的方法，则先依次单吊扳立腿部主材，然后安装腿部塔材封好铁塔相邻三个面，再使用已经组立好的腿部构件起立抱杆，抱杆立好后再将剩余的腿部塔材安装完毕，将抱杆封在塔腿当中。

（3）一般情况下为了保证塔腿主材刚度，吊装铁塔底部构件时，每吊不应超过两段主材长度。

（4）塔腿组立时应选择合理的吊点位置，必要时在吊点处采取补强措施。

（5）塔片组立完成后，应随即安装并紧固好地脚螺栓或接头包角钢螺栓（对插入式基础的铁塔），打好临时拉线。在铁塔四个面辅材未安装完毕之前，不得拆除临时拉线。

5. 抱杆提升

（1）每吊完一段塔体后，当抱杆高度不够需要增高时，应先将四侧辅材全部补装齐全并紧固螺栓，然后进行抱杆提升，如图 3-32 所示。

图 3-31　铁塔底部吊装图

图 3-32　抱杆提升

（2）提升抱杆前应绑好抱杆上、下腰环，使抱杆竖直地位于铁塔中心。将提升抱杆的绞磨绳一端固定在已组立塔身的上部，经抱杆下端的提升滑车朝上引到已组立的另一侧塔身上部的滑车上，再朝下引向绞磨。拆除抱杆上拉线，移至下一个工作位置，拉线呈松弛状态。

（3）使用绞磨将抱杆在腰环中略向上提升，拆除承托绳，再升抱杆，离抱杆到位 1m 左右，让 4 根上拉线微带力，上拉线配合好绞磨缓缓松出。抱杆升到位置后，打好上拉线，固定承托绳，松出绞磨绳，调整承托系统葫芦，使抱杆居于塔正中，并达到适合吊装的倾角，且 4 根上拉线受力均匀，拆除提升钢丝绳和上、下腰环。

6. 铁塔上部吊装

（1）组立塔腿以上各段塔体时，抱杆在塔体内应设置不少于两道腰环，腰环间距应满足抱杆稳定的要求，且上道腰环应位于已组塔体上平面的节点处。

（2）起吊塔片时对于结构宽度较大的塔件应注意选择好重心和吊点，并对塔件采取相应的补强措施，防止塔片变形，如图 3-33 所示。

（3）采用内悬浮抱杆组立铁塔时应严格控制吊件重量，严禁超重起吊。

（4）所有钢丝绳与铁塔绑扎点、接触处必须采取"包、衬、垫"措施，防止损坏铁塔锌层。

（5）起吊过程中用偏拉绳控制好塔片，避免塔片与拉线、已经就位的塔身等交叉或擦碰。当塔片起吊到就位高度时，调整控制绳使塔片就位。

（6）指挥人员主要应观察抱杆受力、塔脚转向滑车受力、吊件与抱杆的夹角、抱杆受力时的倾角情况，塔上高处人员主要观察抱杆内、外侧拉线受力和承托系统的受力情况，一旦发现问题立即停止起吊并尽快卸力。

（7）两侧塔片安装就位后，应随即起吊塔体另两侧面的斜材和水平材。补装斜材时可以使用已经调好就位的两侧塔片作为抱杆进行吊装，但必须对两侧塔片的偏拉绳和控制拉线进行检查，待塔体四侧斜材及水平材安装完毕且螺栓紧固后方可进行下一步施工。

（8）吊装铁塔曲臂时，一般将曲臂在铁塔左右两侧组装后分左右两边进行吊装。吊装时，必须核对组装塔件的重量在抱杆允许工况以内。起吊时，抱杆略向吊件侧倾斜。如果曲臂开口较大，应通过抱杆底部承托系统滑车和葫芦调整抱杆位置，使抱杆整体向吊件侧移动一定距离，方便起吊，如图 3-34 所示。

图 3-33 塔片提升图　　　　　　　图 3-34 曲臂吊装图

7. 抱杆拆除

（1）收紧抱杆提升系统，使承托绳呈松弛状态，予以拆除。

（2）在铁塔顶面的两主材上挂 V 形吊点绳，利用起吊滑车组将抱杆下降至地面，然后逐段拆除，拉出塔外。

（3）抱杆底部装大规格棕绳，由地面人员引导，防止抱杆冲撞塔身。

（4）拆除时，应采取防止抱杆倾倒、旋转、摆动的措施。

8. 铁塔检修

（1）补装齐全所有塔材，并及时采取有效的铁塔防盗和防松措施。

（2）检查所有部位的铁塔螺栓数量及规格，临时代用的螺栓应进行更换，对所有螺栓进行复紧，以达到设计及规范要求的螺栓扭矩。

（3）清理塔身遗留杂物，清洗塔身污垢，及时清理施工现场，做到工完料尽场地清。

9. 质量检验

（1）螺栓紧固率满足 95%。

（2）相邻主材节点弯曲度允许偏差为 1/750。

（3）结构倾斜允许偏差为 0.3%。

（4）主材弯曲允许偏差为 0.1%，最大为 30mm。

（四）施工图例

施工图例如图 3-35 和图 3-36 所示。

图 3-35 横担吊装图

图 3-36 杆塔组立成品图

（五）标准依据

（1）《110kV～750kV 架空输电线路施工及验收规范》（GB 50233）。

（2）《钢结构高强度螺栓连接的设计、施工及验收规范》（JGJ 82）。

（3）《110kV～750kV 架空输电线路施工质量检验及评定规程》（DL/T 5168）。

（4）《电气装置安装工程 66kV 及以下架空电力线路施工及验收规范》（GB 50173）。

五、起重机（吊车）分解组塔工程

（一）适用范围

适用于钢管杆、自立式铁塔分解组立工程。

（二）工艺流程

施工准备→吊车就位→地面组装→构件吊装→杆塔检修。

（三）施工工序及验收

1. 施工准备

（1）材料准备。对进入现场的塔材应进行清点和检验，保证进场材料质量符合相关要求。

（2）作业准备。

1）根据塔重、塔高、吊车的起吊负荷等选用合适吨位的吊车。吊车应具备安检合格证，司机应持吊车上岗操作证，起吊前应对吊车进行全面检查。

2）对进入施工现场的机具、工器具进行清点、检验或现场试验，确保施工工器具完好并符合相关要求。

3）根据安全文明施工的要求和铁塔结构，配备相应的安全设施。

4）铁塔基础必须经中间检查验收合格，基础混凝土的抗压强度不允许低于设计强度的 70%。

5）对施工场地进行平整，对影响吊车吊装施工范围内的障碍物事先采取措施进行清理或避让。

（3）技术准备。

1）熟悉设计文件和塔图，并进行详细的现场调查，编写施工作业指导书，及时进行技术交底。

2）铁塔组立前要对运输道路进行踏勘，吊车司机必须参加，特别是较大型的吊车必须事先对道路、桥梁及涵洞的承载能力进行调查，满足要求后方可进行吊装工艺设计。

2. 吊车就位

（1）确定吊车的摆放位置，要尽可能避免起吊过程中移动吊车，以提高工作效率。

（2）吊车工作位置的地基必须稳固，附近的障碍物应清除，吊车的支撑点应选择在坚硬的土层上。

（3）塔片组装的位置应与吊车回转范围相适应。

（4）平面布置中要注意塔片位置与起吊顺序相适应。

3. 地面组装

（1）地面组装位置以适合吊车起吊为原则，铁塔的单件质量应小于吊车额定起重量，同时注意起重量大小与伸臂长度的关系，组装好的构件必须在吊车允许起吊半径范围内。

（2）地面组装塔片时应考虑好组装形成的塔片重心位置及吊点绳的绑扎位置，根据施工现场的情况、构件有无方向限制等确定构件布置位置，留出操作空间方便吊绳、偏拉绳的绑扎及方向控制。

（3）螺栓穿向一般情况下按"水平隔面结构从下向上，斜隔面结构从斜下向斜上，立体结构从内向外，单立面结构横线路方向从左向右穿螺栓，顺线路放线由送电侧向受电侧"的原则进行，局部可以进调整。

（4）各构件的组合应紧密，交叉构件在交叉处留有空隙者，应装相应厚度的垫片。用螺栓连接构件时，螺杆应与构件面垂直，螺栓头平面与构件不应有空隙，螺母拧紧后。螺杆露出螺母的长度：单螺母应不小于两个螺距，双螺母可与丝扣平齐。

（5）组装用螺栓、垫片等应按规格、材质分别堆放，垫片每端不宜超过两片。若有弹簧垫片则平垫片应在弹簧垫片下面。

4. 构件吊装

（1）根据铁塔、钢管杆高度、重量及地形条件确定吊装方案。分解吊装一般是指受吨位和高度影响只能分段吊装的钢管杆。整体吊装主要是指吨位小的铁塔或钢管杆，如图3－37和图3－38所示。

图3－37　铁塔分解组立

图3－38　钢管杆组立

（2）仔细核对吊车允许荷载及相应允许起吊高度，所有各段重量及相应起吊高度均处于该吊车荷载范围及相应允许起吊高度以内，严禁超载起吊。

（3）分件、分片或分段吊装的铁塔，吊点一般选择在构件的上端，便于塔体就位。整体吊装的铁塔，吊点应选择在塔体重心以上位置，吊点位置越高越有利于就位。应注意计算吊车起吊开始状态和最终状态的起重量。

（4）起吊绑扎绳应有足够的安全可靠性。选择吊点绳时应对开始状态和最终状态两种情况分别进行验算，以保证起吊绳及相应连接件的安全。

（5）校验铁塔强度。为了使铁塔就位方便，吊点一般偏高，因此塔体吊点处、中部及下端都可能因弯曲变形而损坏，对塔体受力部位应进行强度验算，必要时应进行补强。

（6）起吊过程中起吊速度应均匀，缓提缓放，并随时注意吊装情况；就位时，操作人员应事先选择好站立位置，正确系好安全绳，然后进行作业，如图 3－37 所示。

（7）分段吊装时，上下段连接后，严禁用旋转起重臂的方法进行移位找正。

（8）指挥人员看不清工作地点，操作人员看不清指挥信号时，不得进行起吊。

5. 杆塔检修

（1）补装齐全所有塔材，对缺陷逐一进行处理，并及时采取有效的铁塔防盗和防松措施，如图 3－39 所示。

（2）检查所有部位的铁塔螺栓数量及规格，对所有螺栓进行复紧，以达到设计及规范要求的螺栓扭矩。

（3）清理塔身遗留杂物，清洗塔身污垢，及时清理施工现场，做到工完料尽场地清。

图 3－39　铁塔螺栓紧固

（四）施工图例

施工图例如图 3－40～图 3－42 所示。

（五）标准依据

（1）《110kV～750kV 架空输电线路施工及验收规范》（GB 50233）。

（2）《钢结构高强度螺栓连接的设计、施工及验收规范》（JGJ 82）。

（3）《110kV～750kV 架空输电线路施工质量检验及评定规程》（DL/T 5168）。

（4）《电气装置安装工程 66kV 及以下架空电力线路施工及验收规范》（GB 50173）。

图 3-40　铁塔分解组立成品

图 3-41　钢管杆组立

图 3-42　钢管杆组立成品

六、混凝土电杆组立工程

（一）适用范围

适用于混凝土电杆组立施工工艺工程。

（二）工艺流程

施工准备→混凝土杆复测与定位→电杆焊接→横担安装→底盘、拉线盘安装→电杆组立→拉线分坑定位→拉线制作→拉线安装→土方回填。

（三）施工工序及验收

1. 施工准备

（1）材料准备。对进入现场的塔材应进行清点和检验，保证进场材料的质量符合相关要求。

（2）作业准备。

1）根据塔重、塔高、吊车的起吊负荷等选用合适吨位的吊车。吊车应具备安检合格证，司机应持吊车上岗操作证，起吊前应对吊车进行全面检查。

2）对进入施工现场的机具、工器具进行清点、检验或现场试验，确保施工工器具完好并符合相关要求。

3）现场施工负责人向进入施工范围的所有工作人员明确交代施工设备状态、作业内容、作业范围、进度要求、特殊项目施工要求、作业标准、安全注意事项、危险点及控制措施、危害环境的相应预防控制措施、人员分工并签署（班组级）安全技术交底表。

4）对施工场地进行平整，对影响吊车吊装施工范围内的障碍物事先采取措施进行清理或避让。

（3）技术准备。

1）熟悉设计文件和塔图，并进行详细的现场调查，编写施工作业指导书，及时进行技术交底。

2）对杆塔安装图进场审查，核对杆塔图上的部件数量与材料表是否一致；核对各部件间连接部位尺寸是否正确；检查杆塔横担挂点与金具组装图是否匹配；检查杆塔安装图说明与施工设计说明有无矛盾；检查电杆安装图与预制的底盘、拉盘、卡盘连接是否妥当。

2. 混凝土杆复测与定位

（1）施工前应根据设计图纸会同设计人员和审批方案对线路进行交桩。

（2）为防止原设计所定桩位发生位移、偏差或丢失，必须对线路的起点、转角点和终点间各个线段桩位进行复测。

3. 电杆焊接

（1）电杆焊接时应注意避风，如果环境风速超过 8m/s，应设置防风围挡。

（2）电杆焊接前应将钢圈和杆头铁表面清理干净，进行除锈打磨、除尘擦拭。

（3）低温焊接时应对焊件进行预热，焊条规格应符合焊接要求，焊条应干燥，无油污、无起皮脱落现象。

（4）对接焊缝的宽度以填满焊缝坡口而不产生边缘未融合为标准，焊缝咬边成鱼鳞状，过渡平滑、饱满，无夹渣、弧坑及气孔，如图 3−43 和图 3−44 所示。

（5）电杆焊接后及时清理焊口，除渣、除锈，待温度降低至环境温度时，先刷一遍红丹漆，底漆晾干后再刷两遍灰漆，如图 3−45 和图 3−46 所示。

图3-43　电杆焊接

图3-44　焊接成品

图3-45　钢圈除锈

图3-46　钢圈防腐

4. 横担安装

（1）组装横担、抱箍后检查其位置是否符合设计图纸要求，并做整形处理。

（2）检查转角杆长短横担位置是否符合设计要求。

（3）检查螺栓穿向是否符合规范及设计图纸要求。

5. 底盘、拉线盘安装

（1）检查底盘、拉线盘规格使用正确。

（2）检查拉线长度计算符合规范及设计图纸要求。

（3）检查抱箍安装位置符合设计图纸要求。

（4）检查拉线规格符合设计图纸要求。

6. 电杆组立

电杆组立如图3-47和图3-48所示，具体要求如下：

（1）起重机按施工方案中的起重机吊装工作半径就位，支腿承点必须牢固可靠，在土质松软的地方应加设垫木或钢板。

（2）起吊过程中应设现场指挥员，明确指挥信号，因障碍影响视线时可适当增设信号传递员。吊车司机接收到任何人发出的停止信号时，必须立刻停止起吊。

（3）起重机起吊电杆，吊钩防脱装置必须有效可靠，防止电杆脱钩伤人。

（4）在邻近带电线路吊装电杆时，起重机必须接地良好，与带电体的最小安全距离应符合安全规程的规定。

（5）电杆起吊应设 2～3 根调整绳，每根绳由 1～2 人拉住控制电杆起吊。

（6）电杆起吊至离地 0.5～1m 时，应停止起吊，检查吊车支承点的受力情况和电杆的弯曲度及焊接口情况。如吊点不理想，可校正钢丝绳套的吊点位置，一切正常后则可起吊就位。电杆竖立进坑时要用人扶持找正坑中。

图 3-47　门形电杆组立　　　　图 3-48　A 形电杆组立

7. 拉线分坑定位

（1）杆塔按设计要求应设立相应的拉线，目前常用的拉线类型有普通拉线、人字拉线、Y 形拉线、水平拉线、弓形拉线或撑杆等。

（2）拉线的分坑定位应根据杆塔设计的杆高、对地和横担夹角等决定。

（3）拉线与电杆的夹角不应小于 45°，受地形限制时，不应小于 30°。

（4）拉线分坑可使用仪器及皮卷尺在主桩点测定拉盘位置。

8. 拉线制作

（1）普通拉线的金具悬挂部分通常选用楔形线夹，而调节部分侧选用 UT 型线夹。

（2）应根据现场杆塔至拉棒的实测尺寸，用三角函数计算的方法加适当裕度计算拉线的开料长度。

（3）钢绞线剪断前应先用 18～20 号铁线两边绑扎好,剪断的钢绞线应及时贴上标签，注明使用杆号、安装位置及长度。

（4）拉线悬挂部分的安装一般应在地面上完成，这样可以减少高处作业人员的劳动强度。

9. 拉线安装

（1）一般拉线的安装要求。

1）拉盘与拉杆的连接金具安装要可靠，马道开挖要满足于拉线对杆的夹角要求，拉盘、拉棒、拉线应呈一直线。

2）穿越或邻近带电线路的拉线应加装绝缘子。

3）拉线安装用紧线器的钳头夹紧拉线尾端，将紧线器尾端的钢丝绳用卸扣固定在拉棒环外，转动紧线器的手柄，使紧线器的尾绳卷绕在线轴上，拉线即被收紧。

4）线夹舌板与拉线应接触紧密，无滑动现象，线夹的凸肚应在尾线侧，安装时不应损伤线股。

5）拉线弯曲部分不应明显松股，拉线断头处与拉线主线应有可靠固定。线夹露出的尾线长度为 300～500mm 并与主线绑扎。

6）UT 型线夹的双螺母应并紧，安装前丝扣上应涂润滑油，螺栓宜留 2～3 丝扣方便调整拉线。

（2）普通拉线的安装。

1）承力拉线与线路方向中心线应对正，内角、外角拉线与线路分角线对正。

2）转角杆应向外角预偏，紧线后向外角的倾斜度不应大于杆梢直径。

3）终端杆应向拉线预偏，紧线后向拉线侧的倾斜度不应大于杆梢直径。

4）多层拉线的安装，应自上而下逐层安装。

5）调整拉线时，杆上不能有工作人员，上下层交替对称调整，使杆身保持正立。

（3）人字拉线的安装。

1）人字拉线又称防风拉线，安装在线路垂直方向电杆的两侧，多用于中间直线杆，是加强电杆防风倾倒的能力。

2）人字拉线与线路方向垂直。

3）人字拉线安装与普通拉线安装方法相同。

（4）撑杆的安装。

1）在不能制作普通拉线的地方可使用撑杆代替拉线。

2）撑杆选用的电杆要符合设计要求。

3）顶杆底部埋深不宜少于 0.5m，防沉措施应有效可靠。

4）顶杆与主杆之间夹角不宜小于 30°。

5）顶杆与主杆的金具连接应紧密、牢固。

10. 土方回填

（1）回填土时应清除坑内积水、杂物，回填土中的树根、杂草等物应清除。

（2）普通土回填，应用原坑挖出的土进行回填。当原坑土不足时，可以另行取土回填。但取土的地点必须在杆位边缘 5m 外且应除去植被。

（3）回填土时，应在基坑内同时进行夯实，打夯时一夯压一夯，夯夯相接。

（4）每回填厚度为 300mm 的土应夯实一次，坑口的地面上应筑防沉层，防沉层的上部边宽不得小于坑口边宽，其高度视土质夯实程度确定，一般以 300～500mm 为宜。

（5）基础顶面低于防沉层时，应设置临时排水沟，以防基础顶面积水。

（6）回填土经过沉降应及时补填夯实，在工程移交时坑口回填层应不低于地面。

（四）施工图例

施工图例如图 3－49 所示。

图 3－49 杆塔、拉线施工效果图

（五）标准依据

（1）《110kV～750kV 架空输电线路施工及验收规范》（GB 50233）。

（2）《电气装置安装工程 66kV 及以下架空电力线路施工及验收规范》（GB 50173）。

（3）《110kV～750kV 架空输电线路施工质量检验及评定规程》（DL/T 5168）。

七、架线施工工程

（一）适用范围

适用于风电场架线施工工程。

（二）工艺流程

施工准备→牵张场地布置→放线滑车悬挂→导引绳展放→地线（光缆）及牵引绳展放→导线展放→导地、线压接→紧线。

（三）施工工序及验收

1. 施工准备

（1）材料准备。

1）检查跨越架搭设材料是否符合使用要求并运输到位。

2）检查检验使用的绝缘子，检测绝缘子的绝缘水平。

（2）技术准备。

1）了解工程设计要求。电压等级为 220kV 及以上线路工程的导线展放应采取张力放线，110kV 线路工程的导线展放宜采用张力放线。由于条件限制不适于采用张力放线的线路工程及部分改建、扩建工程可采用人力或机械牵引放线。

2）全面掌握线路沿途的地形地貌、交叉跨越情况。

3）详细调查交通运输、施工场地情况。

4）调查施工资源状况及现场配置情况。

5）测量交叉跨越角、线行位置、被跨越物跨距宽度等相关技术参数及现场跨越条件，为制定跨越搭设提供基础数据。

6）架线前，确保铁塔螺栓紧固率达到97%。

（3）工器具准备。

1）检查检验使用的放线滑车及工器具的性能，确保滑车及工器具满足安全使用要求。

2）准备相应的导、地线（光缆）放线滑车，滑车轮槽底径和槽形需满足规程要求，且与牵放线方式、导线型号、地线（光缆）型号及导线走板相匹配。

3）张力机应符合《输电线路张力架线用张力机通用技术条件》（DL/T 1109）的规定。张力机的尾线轴架的制动力与反转力应与张力机相匹配。

4）导线放线滑车应符合《架空输电线路放线滑车》（DL/T 371）的规定。展放镀锌钢绞线架空地线时，放线滑车的选用应符合下列规定：滑车轮槽底部的轮径与所放钢绞线直径之比不宜小于 15；轮槽尺寸及所用材料与导线或架空地线相适应；对于严重上扬、下压或垂直档距很大处的放线滑车应进行验算；放线滑车使用前应进行检查并确保转动灵活。

2. 牵张场地布置

（1）牵张场地应首选牵张设备、吊车等大型设备能直接运抵，并有满足设备物资堆放及施工操作的地方，如图 3－50 所示。

（2）牵张场地宜选在允许导、地线压接档，场地两侧相邻杆塔允许作紧线及过轮临锚操作，且能满足规程规范所规定的锚线角和紧线角要求。

（3）牵张场布置宜考虑主牵引机、主张力机布置在线路中心线上，当不满足要求时，可考虑作转向布置，转向滑车布置应符合规范要求。

（4）小牵引机、小张力机应按照现场平面布置图要求进行布置。

图 3-50　导线张力场布置图

图 3-51　地线放线滑车悬挂

3. 放线滑车悬挂

（1）一般情况下直线塔和直线转角塔放线滑车直接挂在悬垂绝缘子下，耐张塔和耐张转角塔通过挂具将放线滑车挂在横担下方的专用施工孔上或用钢丝绳套将放线滑车直接挂在横担下面，如图 3-51～图 3-53 所示。

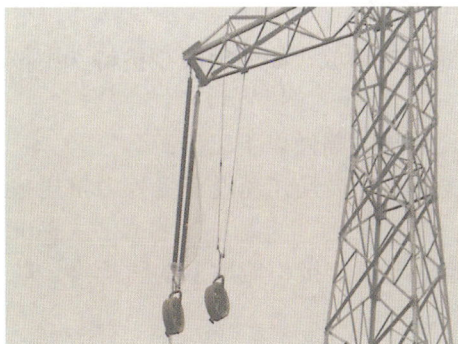

图 3-52　直线塔放线滑车悬挂

图 3-53　耐张塔放线滑车悬挂

（2）特殊情况下杆塔放线滑车的挂设，需对挂点进行强度验算后，确定是否悬挂双滑车或组合式滑车。

（3）光缆放线滑车按光缆生产厂家的要求进行配置及悬挂。

（4）直线塔放线滑车与悬垂绝缘子串一起起吊安装，起吊绑扎可采用绝缘子专用吊装卡具卡紧绝缘子串后与起吊钢丝绳连接并引至牵引设备起吊安装。

（5）耐张塔采用悬吊转角滑车，放线滑车采取预倾斜措施防止受力后跳槽，并随时调整其倾斜角度，使导引绳、牵引绳、导线的方向基本垂直于滑车轮轴。

4. 导引绳展放

（1）展放的导引绳段与段间采用抗弯和旋转连接器连接起来。

（2）连接器的强度等级满足牵引力要求并与导引绳规格相匹配，且能满足通过放线滑车的要求。

（3）每相导引绳展放完毕后随即在牵张场两端进行地面临锚，锚线张力应满足对地及交跨物的安全距离，如图 3 - 54 和图 3 - 55 所示。

图 3 - 54 导线地面临锚

图 3 - 55 导线过轮临锚

5. 地线（光缆）及牵引绳展放

（1）地线或光缆可用导引绳作为牵引绳直接牵放，如遇地线规格特殊则按架线方案要求操作。

（2）光缆展放采用张力放线方法进行，展放时需做以下工作：

1）光缆盘拆包前的外观检查，确认线盘不受损且光缆没有受外力挤压痕迹后，才能拆开线路盘包装就位准备展放。

2）光缆与牵引绳连接，应按生产厂家的要求连接相应数量的防捻辫，防止光缆展放过程旋转。

3）当线轴中的光缆剩下 5～6 圈时应停止牵引，在张力机前用光缆专用卡线器临锚，然后将线轴上的余线退出，再继续牵放。

6. 导线展放

（1）导线牵引绳采用小牵引机、小张力机张力展放，对规格较大的牵引绳，可采用多级导（牵）引绳过渡的方式进行。每相牵引绳展放完毕后随即在牵张场两端进行地面临锚，锚线张力应满足对地及交跨物的安全距离。

（2）张力放线时，直线接续管通过滑车时应加装保护套。

（3）张力放线过程中应有防止产生导线松股、断股、鼓包、扭曲等现象的措施。

（4）现场总指挥做放线前通信频道核对、核实段中各控制点准备情况、牵引绳在各个放线滑车中是否在轮槽的正确位置上，以及展放导线相序、排列序号核对工作，确认无误后，开始牵引导线。

（5）张力放线时，每相导线放完，应在牵张机前将导线临时锚固，锚线的水平张力不应超过导线设计使用拉断力的16%。锚固时，同相子导线间的张力应稍有差异，使子导线在空间位置上下错开，与地面净空距离不应小于5m。

（6）控制牵引力及张力在施工方案预设的范围，保证绳、线在张力展放过程中与地面或被跨越物等的距离满足安全距离要求。

（7）牵放过程中注意观察转角塔放线滑车的角度情况，及时调整滑车倾斜角度，确保绳、线顺利通过，如图3-56和图3-57所示。

图3-56　导线张力展放施工（1）　　　图3-57　导线张力展放施工（2）

（8）导线局部落地，地面能磨伤导线时，应在地面铺木板、木棒或草袋等保护材料。导线与钢绳或导线与导线交叉处，应垫木板或木棒。

7. 导地线压接

此项工艺参照本手册第十章导地线压接工程。

8. 紧线

（1）导、地线紧线常采用直线塔紧线和耐张塔紧线两种方式。利用耐张塔紧线时，必须按设计要求设临时拉线。直线塔紧线完毕，须设过轮临锚和地面临锚，耐张塔采用平衡挂线的施工方法。

（2）紧线施工应在基础混凝土强度达到设计规定、全紧线段内杆塔已经全部检查合格后方可进行。

（3）以耐张型杆塔为紧线塔时，应按设计要求装设临时拉线进行补强。采用悬垂直线杆塔紧线时，应选取设计允许的悬垂直线杆塔做紧线临锚塔。

（4）弧垂观测档选择应符合：

1）紧线段在 5 档及以下时靠近中间选择一档；

2）紧线段在 6～12 档时靠近两端各选择一档；

3）紧线段在 12 档以上时靠近两端及中间可选 3～4 档；

4）观测档宜选择档距较大和悬挂点高差较小及接近代表档距的线档；

5）弧垂观测档的数量可以根据现场条件适当增加，但不得减少。

（5）弧垂观测时的实测温度应能代表导线或架空地线的温度，温度应在观测档内实测。

（6）调整距紧线场最远的观测档弧垂，使其满足弧垂要求；回松导、地线，调整距紧线场次远的观测档弧垂，使其满足弧垂要求；再收紧导、地线使较近的观测档弧垂合格，依次类推，直至全部观测档弧垂符合要求。

（7）各观测档弧垂调整发生困难不能统一时，应检查观测数据，发现弧垂数据混乱时，应放松导、地线重新调整，查明原因后实施。

（四）施工图例

施工图例如图 3－58 和图 3－59 所示。

图 3－58　挂线施工图　　　　　图 3－59　杆塔组立挂线成品图

（五）标准依据

（1）《110kV～750kV 架空送电线路施工及验收规范》（GB 50233）。

（2）《110kV～750kV 架空输电线路施工质量检验及评定规程》（DL/T 5168）。

（3）《电气装置安装工程 66kV 及以下架空电力线路施工及验收规范》（GB 50173）。

（4）《架空输电线路放线滑车》（DL/T 371）。

（5）《输电线路张力架线用张力机通用技术条件》（DL/T 1109）。

八、导地线压接工程

（一）适用范围

导地线压接工程适用于导、地线液压连接和光纤熔接施工。

（二）工艺流程

工艺流程为施工准备→割线→导、地线压接→光缆熔接→测量。

（三）施工工序及验收

1. 施工准备

（1）材料准备。

1）检查接续管、耐张管等的规格、型号，确保其与架设的导地线规格相适配，且满足施工需要。

2）检查光缆接续材料是否符合使用要求。

（2）技术准备。

1）熟悉掌握施工图要求。

2）制订合适的施工技术措施。

3）制作导、地线连接试件送实验室做拉力检验，经检验符合规范要求后才能在施工中使用。不同规格、不同生产厂家的导、地线应分别制作试件检验。

4）光缆接头熔接须由经培训合格并持有操作证的人员操作。

（3）工器具准备。

1）检查测量工具的检验合格证及有效期限，保证检测工具精度符合要求。

2）检查压接机具、压接模具，确保压接模具的规格与压接管相匹配。

2. 割线

（1）割线前，应根据事前测得的压接管长度在导、地线割线位置上作出准确的印记，在印记后约 20mm 处用细铁线把导、地线线股扎紧。

（2）按压接工艺要求进行割线，切割导线外层铝股时严禁伤及钢芯。割线后导、地线的断口应整齐，割线过程中不得伤及不需割线的部位。

3. 导、地线压接

（1）不同金属、不同规格、不同绞制方向的导线或架空地线严禁在一个耐张段内连接。

（2）当导线或架空地线采用液压连接时，操作人员应经过培训并考试合格，连接完成并自检合格后应在压接管上打上操作人员的钢印。

（3）导线或架空地线应使用合格的电力金具配套接续管及耐张线夹进行连

接，如图 3 – 60 所示。

（4）架线施工前应由具有资质的检测单位对试件进行连接后的握着强度试验。

（5）握着强度试验的试件不得少于 3 组。导线采用螺栓式耐张线夹及钳压管连接时，其试件应分别制作。

（6）试件握着强度试验结果应符合要求，液压握着强度不得小于导线设计使用拉断力的 95%；螺栓式耐张线夹的握着强度不得小于导线设计使用拉断力的 90%；钳压管直线连接的握着强度不得小于导线设计使用拉断力的 95%。架空地线的连接强度应与导线相对应。

（7）采用液压连接导线时，导线连接部分外层铝股在擦洗后应均匀地涂上一层电力复合脂，并应用细钢丝刷清刷表面氧化膜，保留电力复合脂进行连接。电力复合脂应符合《电力复合脂技术条件》（DL/T 373）的规定，如图 3 – 61 所示。

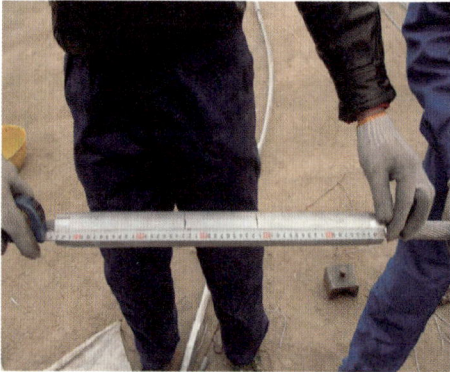

图 3 – 60   压前接续管检查

图 3 – 61   铝管压接

（8）各种接续管、耐张管及钢锚连接前应测量管的内、外直径及管壁厚度，质量应符合《电力金具通用技术条件》（GB/T 2314）的规定，判定不合格者，不得使用。

（9）接续管及耐张管压接后应检查外观质量，并应符合下列规定：

1）应使用精度不低于 0.02mm 的游标卡尺测量压接后的尺寸，其允许偏差应符合《输变电工程架空导线及地线液压压接工艺规程》（DL/T 5285）的规定。

2）飞边、毛刺及表面未超过允许的损伤应锉平并用 0 号以下细砂纸磨光。

3）接续管及耐张管压接后应平直，有明显弯曲时应校直，弯曲度不得大于 2%。

4）接续管及耐张管校直后不得有裂纹，达不到规定时应割断重接。

（10）在一个档距内，每根导线或架空地线上不应超过一个接续管和两个补修管，并应符合下列规定：

1）各类管与耐张线夹出口间的距离不应小于 15m。

2）接续管或补修管出口与悬垂线夹中心的距离不应小于 5m。

3）接续管或补修管出口与间隔棒中心的距离不宜小于 0.5m。

4. 光缆熔接

（1）剥离光缆在锯去内层纹线及剥离套管和骨架时，要注意不得伤及光纤，断口处不能出现有尖锐、锋利的地方，断开后在断口处应立即缠上胶布，防止割伤光纤；剥纤芯前应把光纤剥离钳擦拭干净，不得使用生锈的切割刀作切割工具。

（2）阴雨天气或空气湿度过大时不宜做熔接作业，有大风、沙尘时也不宜作业。

（3）光纤熔接仪应专人使用、专人保养。每天使用后，应对光纤熔接仪进行维护。

（4）光纤切割时必须使用锋利的光纤切割刀并垂直于光纤截面切割，以保证其垂直度。

5. 测量

（1）导、地线液压管压接后的对边距 s 的最大允许值为 $s = 0.866 \times 0.993D + 0.2mm$（式中，$D$ 为管外径，单位为 mm）。三个对边距只允许有一个达到最大值，超过此规定时应更换钢模重压。液压后管子不应有肉眼即可看出的扭曲及弯曲现象，有明显弯曲时应校直，校直后不应出现裂缝。

（2）光纤熔接后，须用测试仪同步测试其接头衰减值。

（四）施工图例

施工图例如图 3-62～图 3-65 所示。

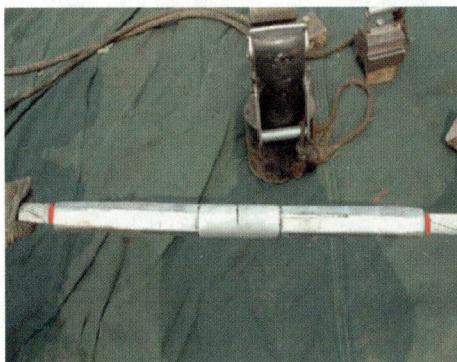

图 3-62　铝管压接后成品

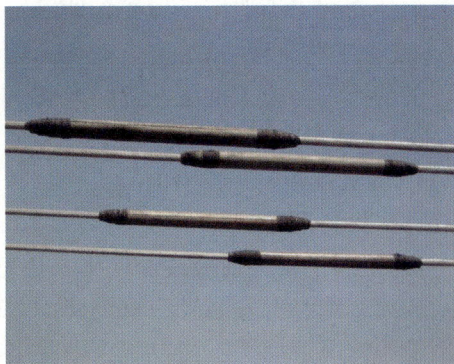

图 3-63　采用钢甲保护压好的接续管

图 3-64　导线压接成品图　　　　　图 3-65　光纤熔接

（五）标准依据

（1）《输变电工程架空导线及地线液压压接工艺规程》（DL/T 5285）。

（2）《输电线路施工机具设计、试验基本要求》（DL/T 875）。

（3）《110kV～750kV 架空送电线路施工及验收规范》（GB 50233）。

（4）《110kV～750kV 架空输电线路施工质量检验及评定规程》（DL/T 5168）。

（5）《电气装置安装工程 66kV 及以下架空电力线路施工及验收规范》（GB 50173）。

（6）《电力金具通用技术条件》（GB/T 2314）。

（7）《电力复合脂技术条件》（DL/T 373）。

九、附件安装工程

（一）适用范围

附件安装工程适用于导线、地线、光缆附件施工。

（二）工艺流程

工艺流程为施工准备→跳线安装→杆塔附件安装→光缆附件安装。

（三）施工工序及验收

1. 施工准备

（1）材料准备。

1）绝缘子安装前应逐个（串）进行表面清理，并逐个（串）进行外观检查。瓷（玻璃）绝缘子安装时应检查碗头、球头与弹簧销子之间的间隙。在安装好弹簧销子的情况下球头不得自碗头中脱出。验收前应清除瓷（玻璃）绝缘子表面的污垢。有机复合绝缘子表面不应有开裂、脱落、破损等现象，绝缘子芯棒与端部附近不应有明显的歪斜。

2）金具的镀锌层有局部碰损剥落或缺锌时，应除锈后补刷防锈漆。

（2）技术准备。

1）熟悉掌握施工图要求。

2）制订合适的施工技术措施。

3）导地线紧线完毕后，弧垂符合施工图要求。

4）弧垂合格后应及时安装附件。附件（包括间隔棒）安装时间不应超过 5d，档距大于 800m 时应优先安装。大跨越防振装置难以立即安装时，应会同设计单位采用临时防振措施。

2．跳线安装

（1）跳线应使用未经牵引过的原状导线制作。

（2）跳线应在耐张串防晕金具安装完毕后进行安装。

（3）跳线长度宜采用现场放样确定。

（4）跳线吊装分为单导线跳线吊装和分裂导线跳线吊装。

1）单导线跳线吊装。在跳线两端绑扎绳索，用人力吊至绝缘子串端部与其连接，装好跳线一端，再装另一端。

2）分裂导线跳线吊装。采用逐根吊装或在地面组装后进行整体吊装。不能带跳线绝缘子串时，在跳线两端分别绑扎绳索，采用人力吊至设计位置后，由高处作业人员进行跳线引流板与耐张线夹连接。带跳线绝缘子串时，按上述方法先吊装绝缘子串或整体吊装。整体吊装时，起吊绑扎位于绝缘子串合适部位，采用机械牵引，跳线两端用绳索辅以人力拖拉，各点提升速度应相互协调，如图 3-66 所示。

图 3-66　跳线安装成品图

（5）跳线安装后，应进行整形，测量跳线弧垂及与杆塔各构件间的最小距离并做好记录。

（6）跳线引流板面应平整光洁，用汽油洗净后涂上电力复合脂，用细钢刷清除表面氧化膜，保留电力复合脂进行连接，逐个拧紧连接螺栓。

（7）跳线安装后，检查跳线弧垂及与塔身的最小间隙，应符合设计要求，并做好记录。

3. 杆塔附件安装

（1）附件安装前，作业区域两端须挂设工作接地线。

（2）附件安装在横担前后两侧的施工孔内装挂提线工具，无施工孔需绑扎钢套时，须在绑扎处垫圆木或软物。

（3）悬垂线夹安装后，绝缘子串应竖直，顺线路方向与竖直位置的偏移角不应超过 5°，且最大偏移值不应超过 200mm。连续上（下）山坡处杆塔上的悬垂线夹的安装位置应符合设计规定，如图 3－67 所示。

图 3－67   导线悬垂绝缘子串安装

（4）绝缘子串、导线及架空地线上的各种金具上的螺栓、穿钉及弹簧销子除有固定的穿向外，其余穿向应统一，并应符合下列规定：

1）单悬垂串上的弹簧销子应由小号侧向大号侧穿入。使用 W 形弹簧销子时，绝缘子大口应一律朝小号侧，使用 R 形弹簧销子时，大口应一律朝大号侧。螺栓及穿钉凡能顺线路方向穿入者，应一律由小号侧向大号侧穿入，特殊情况两边线可由内向外穿入，中线可由左向右穿入；直线转角塔上的金具螺栓及穿钉应由上斜面向下斜面穿入，如图 3－68 和图 3－69 所示。

2）单相双悬垂串上的弹簧销子应对向穿入。

3）耐张串上的弹簧销子、螺栓及穿钉应一律由上向下穿入；当使用 W 形弹簧销子时，绝缘子大口应一律向上；当使用 R 形弹簧销子时，绝缘子大口应一律向下,特殊情况两边线可由内向外穿入,中线可由左向右穿入,如图 3－70～

图 3 – 72 所示。

4）分裂导线上的穿钉、螺栓应一律由线束外侧向内穿入。

5）当穿入方向与当地运行单位要求不一致时，应在架线前明确规定。

（5）金具上所用的闭口销的直径应与孔径相配合，且弹力适度。开口销和闭口销不应有折断和裂纹等现象。当采用开口销时应对称开口，开口角度不宜小于60°，不得用线材和其他材料代替开口销和闭口销。

图 3 – 68　绝缘型地线悬垂串

图 3 – 69　接地型地线悬垂串

图 3 – 70　绝缘型地线耐张串

图 3 – 71　接地型地线耐张串

图 3 – 72　单联导线耐张绝缘子串安装

（6）各种类型的铝质绞线，在与金具的线夹夹紧时，除并沟线夹及使用预绞丝护线条外，安装时应在铝股外缠绕铝包带，缠绕时应符合下列规定：

1）铝包带应缠绕紧密，缠绕方向应与外层铝股的绞制方向一致。

2）所缠铝包带应露出线夹，但不应超过10mm，端头应回缠绕于线夹内压住，设计有要求时应按设计要求执行。

（7）安装预绞丝护线条时，每条的中心与线夹中心应重合，对导线包裹应紧密。

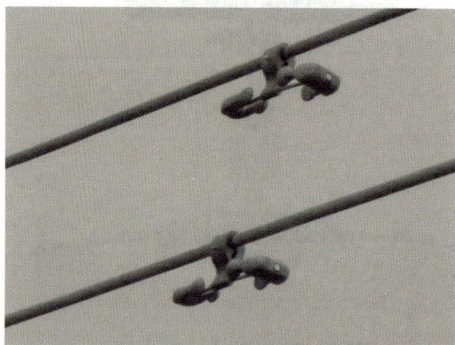

图3-73　防振锤安装成品

（8）防振锤及阻尼线与被连接的导线或架空地线应在同一铅垂面内，设计有要求时应按设计要求安装。其安装距离允许偏差应为±30mm，如图3-73所示。

（9）分裂导线的间隔棒的结构面应与导线垂直，杆塔两侧第一个间隔棒的安装距离允许偏差应为端次档距的±1.5%，其余应为次档距的±3%。各相间隔棒宜处于同一竖直面上。

（10）绝缘架空地线放电间隙的安装距离允许偏差应为±2mm。

（11）柔性引流线应呈近似悬链线状自然下垂，铁塔及拉线等的电气间隙应符合设计规定。使用压接引流线时，其中间不得有接头。刚性引流线的安装应符合设计要求。

（12）铝制引流连板及并沟线夹的连接面应平整、光洁，其安装应符合下列规定：

1）安装前应检查连接面是否平整，耐张线夹引流连板的光洁面应与引流线夹连板的光洁面接触。

2）使用汽油洗擦连接面及导线表面污垢后，应先涂一层电力复合脂。

3）保留电力复合脂，并应逐个均匀地紧固连接螺栓。螺栓的扭矩应符合产品说明书的要求。

（13）地线与门构架的接地线连接应接触良好，顺畅美观。

（14）跌落式熔断器的安装应符合下列规定：跌落式熔断器水平相间距离符合设计要求；各部分零件完整；熔丝规格应正确，熔丝两端应压紧、弹力适中，不应有损伤现象；转轴光滑灵活，铸件不应有裂纹、砂眼、锈蚀；熔丝管不应有吸潮膨胀或弯曲现象；熔断器安装牢固、排列整齐，熔管轴线与地面的垂线夹角为15°～30°；操作时灵活可靠、接触紧密。合熔丝管时上触头应有一定的压缩行程；

上、下引线压紧，线路导线线径与熔断器接线端子应匹配，且连接紧密可靠，如图 3－74 所示。

图 3－74 跌落式熔断器安装成品

4. 光缆附件安装

（1）用夹具固定光缆引下线，控制其走向，光缆引下线弯曲半径符合产品说明书要求。一般情况下，夹具安装在铁塔主材上，间距符合施工图要求，安装时应确保光缆顺直、圆滑，耐张线夹光缆引出端宜呈圆弧、松弛状态。

（2）光缆接线盒安装在指定位置。接线盒内应无潮气且防水进入。安装时各紧固螺栓应拧紧，橡皮封条必须安装到位。

（3）余缆缠绕在余缆架上，余缆架用专用夹具固定在指定位置上，如图 3－75 和图 3－76 所示。

图 3－75 电力杆 ADSS 接头盒及余缆架安装　　图 3－76 铁塔 ADSS 接头盒及余缆架安装

（四）施工图例

施工图例如图 3 - 77 和图 3 - 78 所示。

图 3 - 77　杆塔附件安装成品图　　　　图 3 - 78　铁塔附件安装成品图

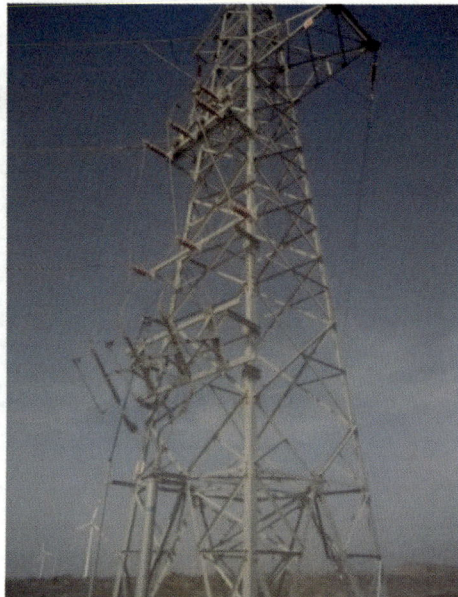

（五）标准依据

（1）《110kV～750kV 架空输电线路施工及验收规范》（GB 50233）。

（2）《110kV～750kV 架空输电线路施工质量检验及评定规程》（DL/T 5168）。

（3）《电气装置安装工程 66kV 及以下架空电力线路施工及验收规范》（GB 50173）。

十、杆塔接地工程

（一）适用范围

适用于送电线路杆塔接地装置的施工。

（二）工艺流程

施工准备→开挖接地槽→敷设接地体、接地模块→接头连接→降阻剂施工→回填土→测量接地电阻。

（三）施工工序及验收

1. 施工准备

（1）材料准备。根据设计接地装置型号及要求准备接地材料，并检查各杆塔位接地材料的型号、规格、长度、数量是否符合设计要求及现场情况。

（2）技术准备。

1）编制接地施工技术资料，明确相关要求；编写施工手册，明确各杆塔位接地装置型号、埋深、最大允许工频接地电阻及接地材料的型号、规格、长度、数量。

2）送电线路杆塔的接地装置、埋深由设计根据土壤电阻率大小、地质、地貌选择确定。

3）架空线路杆塔的每一腿都应与接地体线连接；接地体的规格、埋深不应小于设计规定值。

4）接地装置应按设计图纸埋设，受地质地形条件限制时可按设计图纸做局部修改。接地装置埋设后应在施工质量验收记录中绘制接地体实际敷设简图并标示相对位置和尺寸。

5）按照有关安全规程、规定的要求，清除焊接点附近安全范围内的易燃易爆物品、材料。

6）按照有关安全规程、规定的要求，布置、防护有关焊接使用的管、线、气瓶、焊机等。

（3）工器具准备。

1）根据各杆塔位的地形、地质、地貌等情况确定接地施工使用的工器具；

2）开挖接地槽及焊接接地体的工器具在使用前需检查其完好性并符合有关安全要求；

3）按照有关安全规程、规定的要求，运输、保管及使用有关管、线、气瓶、焊机等；

4）按有关要求配备个人劳动保护用品。

2. 开挖接地槽

（1）接地装置应按设计图敷设，受地质地形条件限制时可做局部修改；在丘陵、山地等倾斜地形，接地体应避免顺山坡方向布置，宜沿等高线布置；两接地体间的平行距离不应小于 5m。但无论修改与否均应在施工质量验收记录中绘制接地装置敷设简图。原设计图形为环形者仍应呈环形。

（2）接地槽开挖前，应根据设计图纸及现场地形、地貌进行接地槽的放样，划出接地槽开挖线。如遇障碍物（如大块岩石等）可绕道避让，但不得改变接地装置型式及减少接地槽长度。

（3）接地槽开挖以人力开挖为主，根据放样开挖线及地貌条件、设计图纸要求的深度、宽度挖掘接地槽。

（4）开挖接地槽时，遇有地下管道、电缆等应进行避让。

（5）接地槽中影响接地体与土壤接触的杂物应清除。

图 3-79 接地模块敷设

（6）接地槽底部应平整，深度不得有负误差。

（7）使用钢尺测量接地槽深度、长度符合设计图纸要求。

3. 敷设接地体、接地模块

（1）接地体的规格、埋深、长度不应小于设计规定值，接地模块敷设应平直，如图 3-79 所示。

（2）根据设计图纸及现场地形、地貌，在现场或材料站截割接地体。

（3）在现场将接地体调直，不应有明显的弯曲，并不得有断折、破裂。

（4）将接地体沿接地槽布置于槽底。如接地体有弹性不易贴紧接地槽底，应在回填土时将接地体压紧在接地槽底后再填土夯实。

（5）接地引下线的布置应符合设计或运行要求，与杆塔连接应贴合紧密。

（6）水平接地体埋设应符合下列规定：遇倾斜地形宜沿等高线埋设；两接地体间的水平距离不应小于 5m；接地体敷设应平直；对无法按照上述要求埋设的特殊地形，应与设计单位协商解决。

（7）采用降阻剂降低接地电阻时，接地槽尺寸及包裹范围应符合设计规定或产品技术文件的要求；采用接地降阻模块降低电阻时，应符合设计规定。

4. 接头连接

（1）接地体接头主要采用焊接连接，可使用电焊或气焊。

（2）接地体连接前，应清除连接部位处的铁锈、污物。

（3）接地体接头连接采用搭接方法焊接，圆钢的搭接长度应为其直径的 6 倍且符合设计要求并应双面施焊；扁钢的搭接长度应为其宽度的 2 倍且符合设计要求并应四面施焊。当采用液压连接时，接续管的壁厚不得小于 3mm；对接长度应为圆钢直径的 20 倍，搭接长度应为圆钢直径的 10 倍。接续管的型号与规格应与所连接的圆钢相匹配。

（4）接地体接头连接必须可靠。焊接应牢固无虚焊；焊接后的焊缝应无气孔、砂眼、咬边、裂纹等缺陷，如图 3-80 所示。

（5）焊接接头及接地引下线应按设计要求采取防腐措施，防腐范围不应少于连接部位两端各 100mm。

（6）接地引下线与杆塔的连接应接触良好、顺畅美观，并便于运行测量和检修。若引下线直线从地线引下，引下线应紧靠杆（塔）身，间隔固定距离应满足设计要求，如图 3－81 所示。

图 3－80　接地体焊接

图 3－81　杆塔接地引下线

5. 降阻剂施工

（1）将降阻剂按说明书要求的降阻剂与水的比例加水并充分搅拌均匀成浆体状。

（2）将接地体支撑或提起，距接地槽底的高度符合设计要求。

（3）按设计图纸每米降阻剂用量，沿接地体浇筑拌好的降阻剂，将接地体包裹均匀、覆盖严实。

（4）敷设过程中，不得将泥沙等杂物接触接地体或混入降阻剂中。

6. 回填土

（1）接地槽回填土之前，必须检查接地槽的长度和深度符合设计要求。

（2）接地槽的回填宜选取未渗有石块及其他杂物的泥土并应夯实，回填后应筑有防沉层，其高度宜为 100～300mm。

（3）使用降阻剂的接地装置，应待降阻剂初凝表面凝固后，先回填细土，再回填其他土壤并夯实。

（4）易被雨水冲刷的接地槽表面应采取水泥砂浆护面或砌石灌浆等保护措施。

7. 测量接地电阻

（1）测量接地电阻可采用接地摇表。接地摇表应经鉴定合格。

（2）接地体敷设后不应立即测量接地电阻。

（3）测量接地电阻应选择在晴天或气候干燥时进行，不得在雨天或雨后测量。

（4）测量杆塔接地装置接地电阻时，应将接地引下线与杆塔的连接螺栓拆开，使接地体与杆塔分开不相碰触。

（5）所测得的接地电阻值应根据土壤干燥及潮湿情况乘以土壤季节系数，其值不应大于设计规定值。若接地电阻不满足设计要求，应报设计单位并按其要求处理。

（四）施工图例

施工图例如图 3-82 所示。

图 3-82　铁塔接地成品

（五）标准依据

（1）《110kV～750kV 架空输电线路施工及验收规范》（GB 50233）。

（2）《电气装置安装工程 66kV 及以下架空电力线路施工及验收规范》（GB 50173）。

（3）《电气装置安装工程接地装置施工及验收规范》（GB 50169—2016）。

十一、线路防护设施工程

（一）线路基础设施工程

1. 适用范围

适用于线路基础护坡、挡土墙、排水沟、保护帽施工。

2. 工艺流程

工艺流程为施工准备→护坡、挡土墙、排水沟保护帽施工→现场清理。

3. 施工工序及验收

（1）施工准备。

1）材料准备。砌筑用块石尺寸一般不小于 250mm，石料应坚硬不易风化且干净，砌筑时保持砌石表面湿润。其余原材料应符合基础工程使用的原材料要求。

2）技术准备。

a. 严格按照相关要求做好图纸会审工作。

b. 严格按照规定对现场施工人员进行有针对性的施工技术交底并形成书面

记录。

3）工器具准备。

a. 按施工需要准备大锤、灰刀、卷尺等工具。

b. 准备好个人劳动保护用品。

（2）护坡、挡土墙、排水沟保护帽施工。

1）护坡砌筑前，底部浮土必须清除，采用坐浆法分层砌筑，铺浆厚度宜为3～5cm，用砂浆填满砌缝，砂浆强度等级应符合设计要求，不得无浆直接贴靠，砌缝内砂浆应采用扁铁插捣密实。

2）上下层砌石应错缝砌筑，砌体外露面应平整美观，外露面上的砌缝应预留约4cm深的空隙，以备勾缝处理。水平缝宽度应不大于2.5cm，竖缝宽度应不大于4cm。

3）砌筑因故停顿，砂浆已超过初凝时间，应待砂浆强度达到2.5MPa后方可继续施工。在继续砌筑前，应将原砌体表面的浮渣清除，砌筑时应避免振动下层砌体。

4）勾缝前必须清缝，用水冲净并保持槽内湿润，砂浆应分次向缝内填塞密实，勾缝砂浆强度等级应高于砌体砂浆，应按实有砌缝勾平缝，严禁勾假缝、凸缝，砌筑完毕后应保持砌体表面湿润做好养护。

5）砂浆配合比、工作性能等，应按设计强度等级通过试验确定，施工中应在砌筑现场随机制取试件。

6）护坡、挡土墙按相关要求设置排水孔。

7）排水沟施工应按施工图进行。山地基础的排水沟一般沿基础的上山坡方向开挖，确保排水顺畅。

8）需浇制的排水沟，混凝土的等级强度应达到设计要求。

9）混凝土浇筑的控制要求和基础施工一致。

10）保护帽的强度应符合设计要求。

11）保护帽的大小以盖住塔脚板为原则。一般其断面尺寸应超出塔脚板50mm以上，高度超过地脚螺栓50mm以上，建设、设计单位有具体要求的按其要求执行。

12）为使保护帽顶面不积水，顶面应有散水坡度。

（3）现场清理。护坡或挡土墙、排水沟浇制完毕后，应及时清理现场，多余的原材料应妥善处理，尽量恢复原地貌，做好环境保护工作。

4. 施工图例

施工图例如图3-83～图3-86所示。

图 3-83 护坡成品图

图 3-84 挡土墙成品

图 3-85 排水沟成品

图 3-86 铁塔保护帽成品

5. 标准依据

（1）《110kV～750kV 架空输电线路施工及验收规范》（GB 50233）。

（2）《电气装置安装工程 66kV 及以下架空电力线路施工及验收规范》（GB 50173）。

（二）线路防护标志工程

1. 适用范围

适用于杆号标志牌、相位标志牌、警告牌等防护标志的施工。

2. 工艺流程

施工准备→防护标识牌安装。

3. 施工工序及验收

（1）施工准备。

1）材料准备。标志牌应符合现行有关标准和施工图纸的要求。

2）技术准备。严格按照规定对现场施工人员进行有针对性的施工技术交底并形成书面记录。

3）工器具准备。

a. 按施工需要准备打孔机、活动扳手等工具；

b. 准备好个人劳动保护用品。

（2）防护标志牌安装。

1）防护标志牌根据设计要求，应安装在醒目的位置。

2）防护标志牌的安装必须牢固、可靠。

3）防护标志牌的安装需统一、正确。

4. 施工图例

施工图例如图 3－87 所示。

图 3－87 铁塔防护标识

5. 标准依据

（1）《110kV～750kV 架空输电线路施工及验收规范》（GB 50233）。

（2）《电气装置安装工程 66kV 及以下架空电力线路施工及验收规范》（GB 50173）。

第四章

风机安装工程

一、风机塔筒安装工程

（一）适用范围

适用于 750、1500、2500、3000kW 及以上风电机组。

（二）工艺流程

施工准备→塔底控制柜安装→塔筒安装→质量验收。

（三）施工工序及验收

1. 施工准备

（1）道路。通往安装现场的道路要清理平整，路面须适合卡车、拖车和吊车的移动和停放。松软的土地上应铺设厚木板/钢板等，防止车辆下陷。

（2）基础。风机的基础应完好，风机塔筒安装前，混凝土基础应有足够的养护期，一般需要 28d 以上的养护期，且各项技术指标均合格。

（3）基础环水平度检查。用水平仪和标尺检查相隔 120°的三个方向上（其中之一对应法兰对接标记）的基础法兰面是否水平。测量点位于法兰中环，每个方向最少测量两次，最大水平度误差平均不超过 2mm。

（4）部件临时堆放区。风机零部件临时放置时应避开工作区，并要求临时放置区域地面平整、硬实、无沟壑。

（5）技术交流。风机塔筒安装前，建设、监理、施工、制造四方应召开技术交流会。确定各方职责，根据天气状况确定安装计划，讨论并确定安装方案。

（6）安装用具。全面检查吊装设备的完好性，根据吊装工装清单检查工装的符合性、齐全性、完好性。

（7）安装设备选择。工程管理机构应参照风机技术文件中所列的重量、高度及现场情况选择合适的吊车。主吊车设备规格选择应根据安装机型的风机部件重量和轮毂中心高度，以及对照吊车性能参数表和相关起重规范来确定。

（8）吊装前应对现场所有设备进行检查、核对，到货产品应为验收合格的产品，核对货物的装箱单及安装工具清单，确定机组部件是成套、完好。

2. 塔底控制柜安装

（1）将基础环内的杂物清理干净，对塔架内外壁进行清理，打扫干净。

（2）清洁塔架底座、塔架各法兰表面，在基础环上法兰面距外边缘 5mm 处，涂抹一圈密封胶，要求胶在涂抹时做到连续、均匀，所涂抹胶体宽度在 5mm 左右，如图 4-1 所示。

（3）将连接螺栓螺纹部分及螺母与垫片的接合面涂抹固体润滑膏（用毛刷在螺栓的螺纹旋合部分必须涂抹一周且要涂抹均匀，长度为螺纹的旋合长度）后摆放在相应安装孔附近，配套用双垫片、螺母也应作对应摆放，如图 4-2 所示。

图 4-1　法兰面涂密封胶

图 4-2　螺栓、螺母涂固体润滑膏

（4）根据现场风机控制柜配置（水冷系统、风冷系统）情况，依据人工划线定位方法或者定位支架定位方法在基础环内进行定位工作。

（5）根据基础环内定位画线基点（或定位支架）调节电控柜支架的摆放位置，使其摆放位置正确，并通过调节螺栓调整支架在一个水平面上。

（6）依次按照控制柜配置顺序使用满足承载力要求的吊带或钢丝绳进行各部件的安装。

Freqcon 系统：变压器支架→电抗器支架→柜顶风机→风道链接→轴流风机，如图 4-3 所示。

Switch 系统：变流柜支架→主控柜支架→变流柜→主控柜→水冷柜→散热器，如图 4-4 所示。

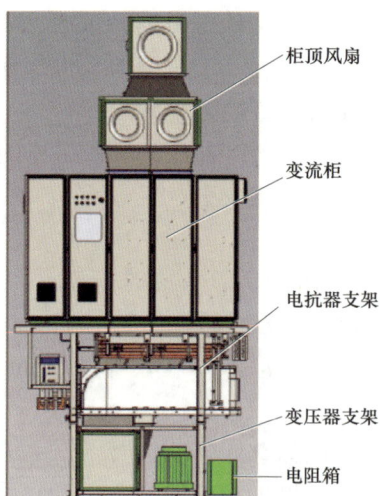

图 4-3　Freqcon 系统部件图

图 4-4　Switch 系统部件图

（7）每个柜体安装完后需从柜体顶部四点各系 1 根牵引绳至基础环上或附件重物上，以做好防护牵引绑扎，防止因人为或刮风造成柜体摇晃、倾翻事故。

（8）每个柜体安装时需将与支架连接的螺栓完成力矩紧固后方可摘吊带松吊钩，具体力矩值参照连接螺栓规格要求。

3. 塔筒安装

（1）将每段塔筒上的法兰连接螺栓、螺母、垫片、电动扳手、撬杠等固定在上平台上，所固定物品一定要绑扎牢靠，防止起吊过程中物品从平台孔处掉落，发生危险，如图 4-5 所示。

（2）用主吊车、辅助吊车分别将组装好的主吊具、辅助吊具吊至塔筒的上、下法兰适当位置。根据吊具安装要求在上法兰上安装主吊吊具，在塔筒下法兰上安装辅助吊具。辅助吊具必须安装于法兰上半部分，并关于法兰直径中心线对称，且倾角不超过 20°（一般两吊具间隔 8～10 个孔即可），如图 4-6 所示。

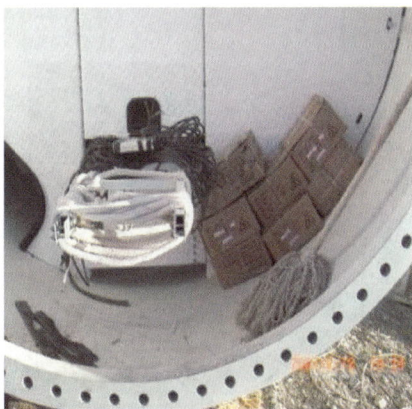

图 4-5　上法兰所需物资放置牢靠　　　　图 4-6　塔筒主吊具安装

（3）吊具与塔筒法兰连接螺栓需安装紧固，拧紧力矩为 300～500N·m。

（4）主吊车、辅助吊车配合水平起吊塔筒至离地面合适高度时，清洁与地面接触部分的塔筒外壁污物，如有油漆破损要补刷油漆，如图 4-7 所示。

（5）塔筒对接时，借助定位销或撬棒引导两法兰孔对中，使两法兰对接标记对正，如图 4-8 所示。

（6）塔筒对正后，缓慢落下塔筒至两法兰间留有一定的小间隙，迅速十字对角安装一部分螺栓、垫片和螺母，然后可落下塔筒，吊车维持 10t 左右提升力，穿完剩余的螺栓。螺栓必须由下向上穿（干涉处除外），如图 4-9 所示。

图4-7　塔筒起吊

图4-8　塔筒对接

（7）待所有螺栓手工穿完，用电动快速扳手以十字交叉方式按5个螺栓一组交叉紧固20颗螺栓后，依次预紧完所有的螺栓。然后用液压力矩扳手以十字交叉方式拧紧塔筒螺栓，并将拧紧的螺栓用记号笔做上标记；液压扳手拧紧的同时即可放松主吊车，拆卸掉主吊具组合成套后用吊车将其吊至地面，如图4-10所示。

图4-9　塔筒螺栓安装

图4-10　塔筒螺栓预紧

（8）待所有螺栓电动扳手预紧完后，紧接着快速使用液压力矩扳手在法兰面内以十字交叉方式分三次紧固螺栓力矩，分别为最终值的50%、75%、100%，每次均使用记号笔做好标记，便于检查，防止重复或遗漏。

（9）塔筒安装完毕，及时将塔筒之间接地线安装完好。

（10）在下段塔筒安装后，及时将塔筒入口爬梯安装完毕，用螺栓固定挂耳，要求牢固可靠。调节梯子地脚螺栓高度，使梯子台阶面水平、无歪斜。如机组为水冷系统，先放置好散热器后，再进行爬梯的安装，如图 4-11 和图 4-12 所示。

图 4-11 塔筒入口爬梯安装　　　　　　图 4-12 塔筒爬梯连接

（11）安装塔底平台面板、调节支架位置，使平台面板固定牢靠。

4. 质量验收

（1）电控柜柜体无磕碰，面板无损伤，型号正确，电控柜防护措施得当。

（2）电控柜支架安装方向正确，距离合适。电控柜固定螺栓全部安装紧固，无漏装，防松标识清晰规范。

（3）塔筒内外及法兰面表面干净，无磕碰、损伤，无防腐破坏。

（4）螺栓固体润滑膏涂抹均匀，涂抹位置正确。

（5）塔筒连接螺栓、垫片、螺母规格正确，安装方向正确。塔筒连接螺栓力矩紧固合格，防松标识清晰正确。

（6）塔筒对接标记正确，方向正确。塔筒爬梯安全对接，无错位，对接螺栓安装紧固。安全滑轨完全对接，无错位。安全锁扣与滑轨无卡滞现象。

（7）塔筒平台面板连接螺栓全部紧固，平台与支脚间放置橡胶垫。平台板与板之间、平台与塔筒无干涉，平台面板平整。

（8）塔架入口梯子螺栓安装牢固，梯子台阶面水平、整体无歪斜。塔架门栓能够销入入口梯子上对应卡槽中。塔筒门开启灵活，门锁正常入位，密封条无破损或附着在塔架上现象。

（四）施工图例

施工图例如图 4-13～图 4-20 所示。

图 4-13　塔筒内外壁清洗

图 4-14　电控柜安装

图 4-15　塔筒下段吊装

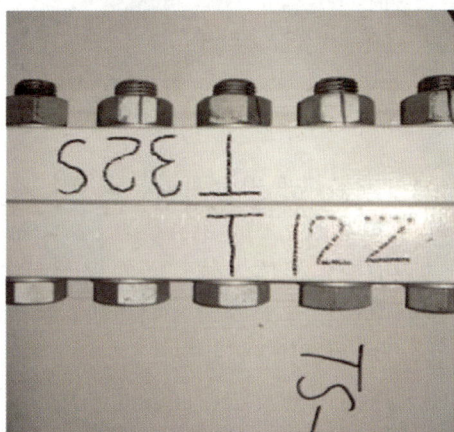

图 4-16　塔筒法兰对接标识

图 4-17　塔筒三段吊装

图 4-18　塔筒爬梯连接示意图

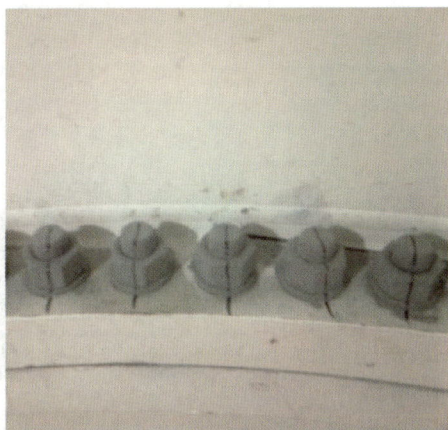

图4-19 塔筒连接螺栓防松标记

图4-20 Switch变流系统散热器安装

（五）标准依据

（1）《750kW系列风力发电机组安装手册》（塔架部分）。

（2）《1500kW系列风力发电机组安装手册》（塔架部分）。

（3）《2500kW系列风力发电机组安装手册》（塔架部分）。

二、风机安装工程

（一）适用范围

适用于1500、2500kW风电机组。

（二）工艺流程

机舱吊装→发电机吊装→叶轮组对→叶轮吊装→叶片变桨→升降机安装→质量验收。

（三）施工工序及验收

1. 机舱吊装

（1）轮毂中心高度平均风速小于或等于10m/s；无雨雪、雷电等恶劣天气。

（2）用吊车将1500kW机舱从运输支架吊至组装支架上，并用螺栓紧固好。将两片左右机舱底组件（下壳体）与机舱壳体用达克罗螺栓连接，要求螺栓、大垫圈、螺母规格正确，不得有漏装、漏紧固的螺栓。如使用的是达克罗螺栓，螺栓螺纹部位需涂抹螺纹锁固胶，力矩紧固后须及时做防腐处理（冷喷锌）并作防松标记，如图4-21所示。

（3）安装吊物孔门、机舱爬梯，连接螺栓紧固，吊物孔门开启灵活，如图4-22所示。

图 4-21   机舱固定在安装支架上

图 4-22   安装吊物孔门

（4）机舱壳体接合部位外表面用密封胶密封处理，要求整齐、均匀，并用手指沾洗洁精水压实、抹光密封胶，如图 4-23 所示。

（5）安装测风支架，螺栓按力矩要求拧紧，固定牢靠，测风支架底座一圈用聚氨酯密封胶密封处理，如图 4-24 所示。

图 4-23   机舱接合部位打密封胶

图 4-24   安装测风支架

（6）将偏航轴承与塔架连接的螺栓、垫片、动力电缆，以及底座与发电机连接螺栓、轮毂与发电机连接螺栓、液压扳手、电动扳手、手拉葫芦、安装附件等放在底座平台上固定，必须固定牢靠，如图 4-25 所示。

（7）用主吊车将机舱吊具吊至机舱上方适当位置进行吊具安装，吊具安装位置正确、牢靠，如图 4-26 所示。

（8）将放在塔筒平台上的连接螺栓的螺纹部位及螺栓头与垫片的接合面涂抹

固体润滑膏，后摆放在相应的安装孔附近，配套用垫片应做对应摆放。

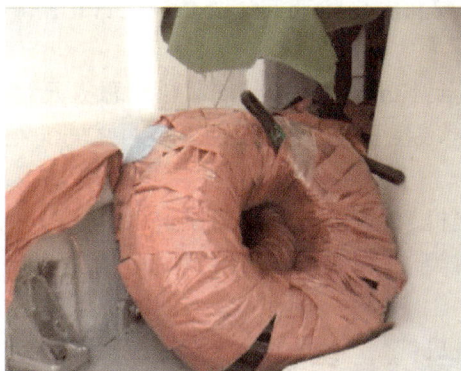

图 4-25 机舱内放置电缆

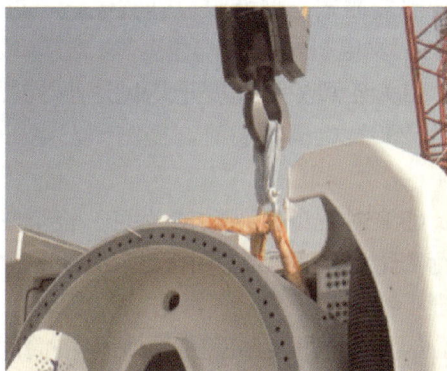

图 4-26 安装机舱吊具

（9）拆除机舱固定螺栓，起吊机舱。起吊机舱至塔架上法兰适当高度，用导正棒慢慢放下机舱至两法兰面接触，先安装一部分螺栓，然后放下塔筒至两法兰完全接触。取掉定位螺栓，穿完剩余的螺栓。待所有螺栓手工穿入后用电动扳手按十字对角线方向预紧螺栓，如图 4-27 和图 4-28 所示。

图 4-27 机舱起吊

图 4-28 机舱吊装

（10）螺栓待预紧完后，放松主吊车至吊钩提升力为零，及时迅速、连续地使用液压力矩扳手按十字对角线方向紧固螺栓三遍，分别为最终值的 50%、75%、100%，每次均使用记号笔做好标记，便于检查，防止重复或遗漏。

（11）安装机舱时依据主吊车可移动区域确定机舱口朝向，确保便于后续发电机及叶轮的吊装。如果场地条件允许，一般要求机舱口与主风向一致。

（12）通过主控柜紧急停机按钮测试、机舱控制柜紧急停机按钮测试、机舱振动传感器测试、偏航限位开关测试、过速模块测试验证安全链系统是否正常。

2. 发电机吊装

（1）轮毂中心高度平均风速小于或等于 10m/s，无雨雪、雷电等恶劣天气。

（2）发电机吊装前，需测试发电机两套绕组分别对地及两套绕组之间的绝缘电阻。

（3）对发电机动轴法兰面、整个发电机进行清洁、清理，包括沙土、雨水、冰雪等清理干净。

（4）发电机起吊前必须确保塔筒间、机舱与塔筒间所有连接螺栓力矩彻底完成紧固，达到终拧扭矩值之后方可安装发电机。

（5）安装发电机翻身吊具，翻身吊具与横梁成 90°，位置在发电机入口门的正上方，如图 4-29 所示。

（6）组装并安装发电机吊具。在钢丝绳上缠上毛毡对发电机两侧吊耳进行防护，挂在钢丝绳上分别系上 1 根导向绳。注意不要

图 4-29　安装辅助翻身吊具

将导向绳固定在发电机吊耳具上，绳子应该绑在发电机吊耳上方的钢丝绳上，否则发电机翻身时易将绳子挤断，如图 4-30 所示。

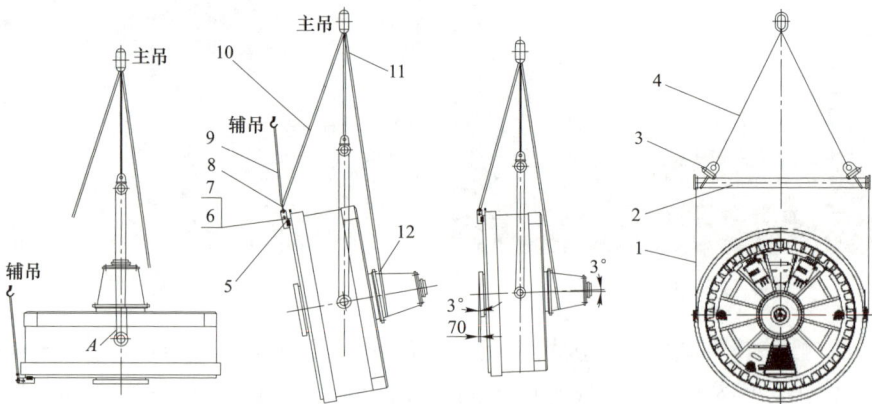

图 4-30　发电机吊具安装

1—ϕ48×8m 钢丝绳；2—发电机吊具横梁；3—35t 卸扣；4—ϕ48×8m 钢丝绳或 35t 吊带；5—发电机翻身吊具；
6—螺栓 M16×70-10.9；7—垫圈 10；8—9.5t 卸扣；9—10t 钢丝绳；10—10t 手拉葫芦；
11—10t 吊带（钢丝绳）连接；10t 手拉葫芦；12—10t 吊带

（7）将发电机翻身吊具挂在辅助吊车上，用主吊车起吊发电机，主吊车将发电机吊到足够翻身的高度，用辅助吊车起吊将发电机翻转到竖直状态。使用手拉葫芦调节发电机定轴法兰面与垂直方向的倾角（1500kW 机组为 3°，65～70mm，2500kW 为 5°，228mm），如图 4-31 所示。

图 4-31 发电机翻身

图 4-32 发电机安装角调整

（8）待发电机角度调整好后，缓慢起吊发电机至机舱高度，将发电机与机舱对接，待发电机与底座两法兰螺栓孔对齐后手工穿入所有连接螺栓，然后使用电动扳手十字对角预紧所有螺栓，如图 4-32 和图 4-33 所示。

（9）使用液压扳手十字对角方向各紧固 5～10 颗螺栓，然后依次紧固剩余螺栓，每次预紧完做好标记，防止遗漏。螺栓力矩分三次紧固，分别为最终值的 50%、75%、100%。

（10）发电机连接螺栓未完成终拧扭矩时不得松钩，要求所有螺栓完成终拧扭矩后方可松钩拆卸吊具，如图 4-34 所示。

图 4-33 发电机吊装

图 4-34 发电机吊具摘钩

（11）发电机吊装时先不要松开锁定销。

3. 叶轮组对

（1）三片叶片必须成组，并与轮毂配型一致。

（2）首先检查雷电记忆卡和变桨限位挡块是否安装，如果未安装，应在叶片组对前安装。

（3）根据现场情况，确定叶片和叶轮组对的区域，然后用吊车将轮毂安放到相应的位置并使用相应的轮毂组对工装，要求轮毂支撑区域硬实、平整。在轮毂变桨系统吊离地面时调整轮毂导流罩叶片安装口朝向，便于叶片组对，防止组对叶片时与其他物体干涉，并尽量使一叶片口朝向与主风向一致，确保叶片组对区域无障碍物，如图4-35所示。

（4）将双头螺柱旋入叶片法兰内，双头螺柱按要求露出相应长度，要求螺柱植入叶片时需手工旋入，禁用电动、液压扳手或管钳夹持螺柱头。旋入叶片法兰部分螺纹不涂固体润滑膏。若双头螺柱旋入叶片螺纹孔受阻，须及时退出螺柱，用丝锥攻丝处理后方可继续手动旋入，如图4-36所示。

图4-35　轮毂摆放

图4-36　穿叶片螺栓

（5）从叶片叶尖处套入叶尖护带，并拴上两根缆风绳。用吊具将叶片起吊，拆除叶片支架，指挥吊车平稳起吊，到达轮毂变桨法兰面处，如图4-37所示。

（6）通过人工调整变桨轴承的方法，使叶片顶部的"0"刻度线与变桨轴承的"0"刻度线对齐。调整吊车，同时控制叶片的方向，使叶片连接螺栓穿过变桨轴承法兰孔，实现对接。安装垫片和螺母时的方向，平地一面朝向变桨轴承，如图4-38所示。

（7）使用液压扳手（加长套筒），调整好液压扳手的力矩，对角线方向紧固法兰螺栓。螺栓力矩分三次紧固，分别为最终值的50%、75%、100%。

图4-37 叶轮组对

图4-38 0刻度对接

（8）组对完的叶片用枕木和垂直支撑进行支撑，叶片与垂直支撑之间用柔软的材料对叶片进行保护，如图4-39和图4-40所示。

图4-39 叶片支撑

图4-40 叶轮支撑

（9）叶片组对完，在吊车松钩前应通过手拉葫芦调整变桨盘以安装变桨锁定装置，锁住变桨盘。

（10）依次按以上步骤组对其余叶片。

（11）清洁叶片根部和叶片密封总成粘接面，保持粘接面的清洁，将叶片密封总成安装在叶根处，移动叶片密封总成使其紧贴毛刷，沿着叶片密封总成外边缘用记号笔在叶片上画线，如图4-41所示。

（12）使用 Plexus 结构胶 MA310 在叶片上距所画线 25mm 处（粘接宽度的中间位置），连续涂胶以形成一个密封的圆环，胶条直径为 8～10mm。安装叶片密封总成在打胶上方，向下压紧，用固定装置固定，让胶充分固化。用铆钉连接叶片密封连接板，在叶片密封总成与叶片接合处使用密封胶密封，要求压实、美观，如图4-42所示。

图4-41　画线

图4-42　打结构胶

（13）根据导流罩内部对接标识对接导流罩前端盖，并用螺栓连接好。连接螺栓螺纹部位涂抹螺纹锁固胶，并用密封胶在导流罩前端盖对接处外表面涂密封胶，要求密封胶宽10mm，整齐均匀，用手指沾洗洁精水压实、抹光，如图4-43和图4-44所示。

图4-43　挡雨环紧固

图4-44　打密封胶

4. 叶轮吊装

（1）轮毂中心高度平均风速小于或等于8m/s，无雨雪、雷电等恶劣天气。

（2）清理检查组好的叶轮，对轮毂内部遗留的工器具、螺栓等清理干净，并清洁导流罩内壁。

（3）根据吊车就位及叶轮摆放情况确定2个起吊叶片（主吊叶片），并在这2个叶片根部安装扁平宽吊带，确保宽吊带与叶片密封上端的最小距离约为200mm。

吊带表面保持干净、清洁，防止因吊带表面颗粒物损伤叶片表面，严禁宽吊带缠绕、折叠、扭曲、打结。冬季时，宽吊带要保持干燥，防止结冰打滑，若光滑可涂抹松香增大摩擦力，如图 4-45 和图 4-46 所示。

图 4-45　主吊带安装

图 4-46　主吊带位置

（4）在 2 个主吊叶片的叶尖适当位置各安装一个与叶片匹配的叶尖护袋，通过叶尖护袋各绑扎 2 根至少长 200m 的导向绳，以便于往两个方向拉。在辅助吊叶片的辅助吊点标识位置往叶尖方向依次安装叶尖护袋及吊带。要求吊带与叶片边缘接触的地方安装叶片护具，并用毛毡对叶片进行防护，如图 4-47 和图 4-48 所示。

图 4-47　叶尖护袋安装

图 4-48　辅吊吊点护具安装

（5）主吊车、辅助吊车各自挂好主吊带、辅助吊带。辅助吊车配合主吊车将叶轮由水平状态慢慢调整到竖直状态，确保叶尖不触地。待第三个叶片完全竖直向下时，将辅助吊车脱钩并拆除叶片护具、护带，如图 4-49 所示。

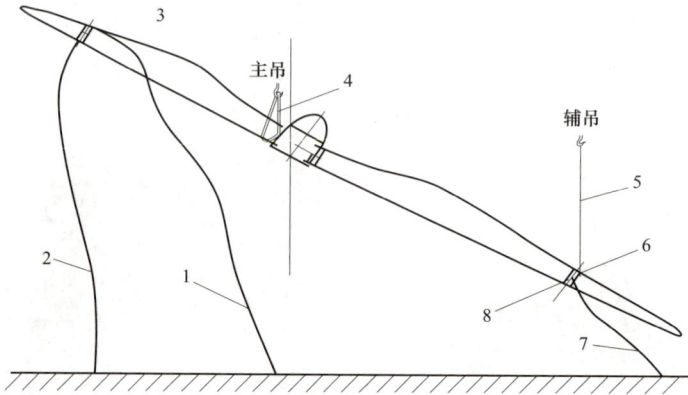

图4-49 叶轮起吊翻身示意图

1—揽风绳；2—揽风绳；3—叶尖护带；4—主吊带；

5—辅助吊带；6—叶片后缘护具；7—揽风绳；8—辅助护具

（6）指挥吊车，使轮毂法兰与发电机动轴法兰对接。若两法兰螺栓孔错孔可松开发电机转子两锁定装置，通过手拉葫芦旋转发电机转子使螺栓穿入螺栓孔。

（7）安装螺纹涂有固体润滑膏的螺栓，螺栓根部与垫片之间也涂抹固体润滑膏。待所有螺栓人工旋入安装完成后先使用电动扳手按十字对角线方向预紧螺栓，预紧完所有螺栓后再使用液压扳手分三次按十字对角线方向紧固力矩，分别为最终值的50%、75%、100%。

（8）待所有螺栓按三遍力矩紧固完后，才允许松主吊钩，拆卸主吊带。若在安装时松开了发电机锁定销，此时须配合叶片缆风绳来锁定发电机锁定装置，以便于后续进入轮毂作业，如图4-50所示。

图4-50 叶轮吊装

5. 叶片变桨

（1）使用的 −90° 叶轮吊装。

1）在叶轮对接完毕后，在轮毂内使用 2 个手拉葫芦将所需变桨叶片固定，松开变桨锁，并将变桨锁翻身后用两螺栓紧固安装，如图 4−51 和图 4−52 所示。

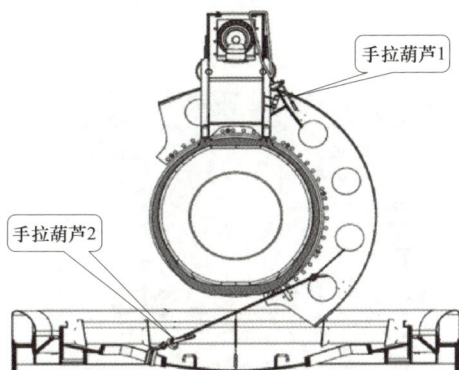

图 4−51　手拉葫芦固定位置图 1

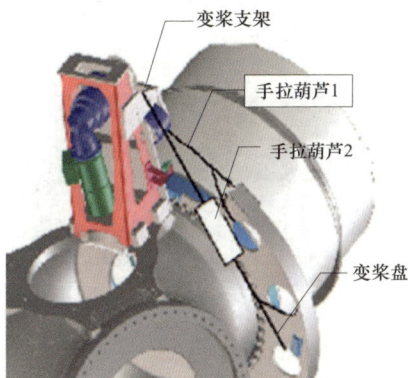

图 4−52　手拉葫芦固定位置图 2

2）使用 2 个手拉葫芦配合将变桨盘变桨到 90° 位置为止，及时安装齿形带，并调节齿形带松紧度，通过仪器测量齿形带安装频率，应符合技术要求。

（2）使用 90° 叶轮吊装。

1）在地面上使用专用 90° 变桨工装将轮毂固定在工装上组对叶片，并按要求紧固完所有叶片力矩值，如图 4−53 和图 4−54 所示。

图 4−53　90° 变桨工装

图 4−54　90° 变桨叶轮放置

2）辅吊就位，将 2 根长约 20m 的吊带，沿两个方向锁住叶片，利用辅助吊大小钩一紧一松方式缓慢变桨，叶片转到 0°后，叶片将会因自身重力由 0°继续往 90°慢慢转动，此时可停止吊钩提升，慢慢松另一吊钩，待变桨盘上限位挡块离限位开关传感器约 500mm 时，指挥吊车放慢变桨速度，不可使变桨盘端部碰撞张紧轮，以免其损坏。

3）变桨到位后，及时安装齿形带，并按要求测试调整齿形带频率，如图 4－55 和图 4－56 所示。

图 4－55　90°变桨　　　　　　　　　　图 4－56　90°变桨完成

6. 升降机安装

（1）工作钢丝绳和安全钢丝绳的长度取决于塔筒升降机在塔筒内的运行高度，安装人员应将包装好的钢丝绳有序开卷，不允许剐蹭任何棱角，且严禁强拉硬拽。

（2）正确识别工作安全绳和安全钢丝绳，钢丝绳安装时必须佩带防护手套。

（3）安装支撑臂过程中应保证升降机稳定，避免发生碰撞。

（4）须保证所有限位开关能够灵活触发，自动复位。

（5）必须确认塔筒内供应的电源电压与提升机的额定电压一致。

（6）必须严格按照厂家说明书的要求安装升降机。

7. 质量验收

（1）机舱部分。

1）机舱内部干净整洁，内部器件无损伤。

2）机舱上下壳体拼接配对正确，螺栓、垫片齐全。机舱壳体接合部位密封胶涂抹整齐、美观、均匀、压实、无缝隙、无拉丝，螺栓至少露 3 扣及以上。

3）机舱爬梯、测风支架安装牢固、可靠。测风支架底座接缝处涂抹密封胶，密封胶涂抹要求整齐、美观、均匀、压实、无缝隙、无拉丝。

　　4）法兰连接螺栓规格正确，方向一致。螺栓涂抹固体润滑膏，应涂抹正确、均匀。螺栓紧固力矩合格，防松标记清晰、正确。

　　（2）发电机部分。

　　1）发电机表面清洁，表层防腐无损伤、脱落。

　　2）发电机绝缘电阻值符合要求。

　　3）法兰连接螺栓规格正确，方向一致。螺栓涂抹固体润滑膏，应涂抹正确、均匀。螺栓紧固力矩合格，防松标记清晰、正确。

　　4）发电机辅助吊车吊点螺栓安装正确、防腐处理均匀。

　　8. 叶轮部分

　　（1）叶片组号一致，与轮毂配型正确。

　　（2）叶片双头螺栓安装露出长度一致，固体润滑膏涂抹正确、均匀。

　　（3）叶片 0 刻度线与变桨轴承指针上的 0 刻度线黑色标记线对齐，准确。

　　（4）叶片挡雨环紧贴毛刷、结构胶液足够填充挡雨环与叶片之间的间隙，挡雨环边缘、开口处连接板及铆钉处涂抹密封胶。密封胶涂抹要求整齐、美观、均匀、压实、无缝隙、无拉丝。

　　（5）导流罩连接螺栓紧固牢靠，无漏装螺栓、垫片。接触面平整无间隙，按要求涂抹螺纹锁固胶，防松标识清晰、规范。

　　（6）法兰连接螺栓规格正确，方向一致。螺栓涂抹固体润滑膏，应涂抹正确、均匀。螺栓紧固力矩合格，防松标记清晰、正确。

　　（7）轮毂内元器件设备无损坏，外观清洁干净。

　　（四）施工图例

　　施工图例如图 4-57～图 4-70 所示。

图 4-57　机舱下壳体组对

图 4-58　机舱爬梯安装

图 4-59　机舱缆风绳绑扎

图 4-60　机舱吊装

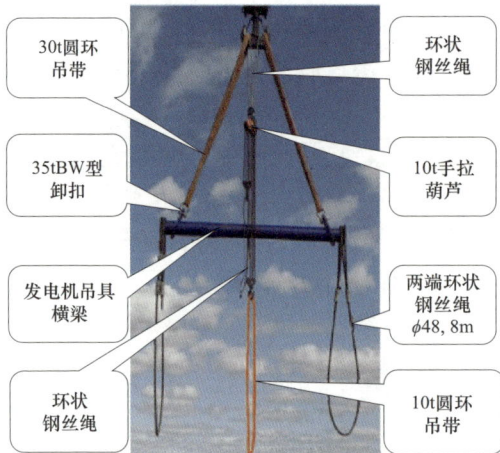

30t圆环
吊带

环状
钢丝绳

35tBW型
卸扣

10t手拉
葫芦

发电机吊具
横梁

两端环状
钢丝绳
φ48, 8m

环状
钢丝绳

10t圆环
吊带

图 4-61　发电机吊具示意图

图 4-62　发电机翻身

图 4-63　发电机安装角调整

图 4-64　发电机起吊

图 4-65 叶片螺栓涂抹固体润滑膏

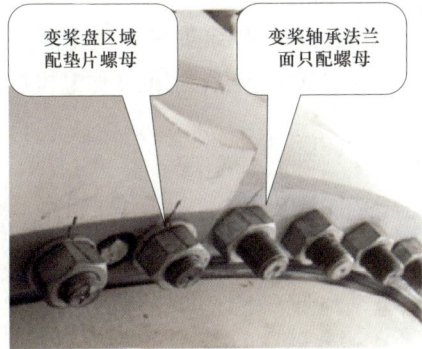

变桨盘区域配垫片螺母

变桨轴承法兰面只配螺母

图 4-66 叶片螺栓安装

图 4-67 叶片挡雨环连接板安装

图 4-68 叶片挡雨环密封

图 4-69 叶轮起吊

图 4-70 叶轮吊装完毕

（五）标准依据

（1）《1500kW 系列风力发电机组安装手册》（通用部分）。

（2）《2500kW 系列风力发电机组安装手册》（通用部分）。

参　考　文　献

［1］国家电网公司基建部组编. 国家电网公司输变电工程标准化施工作业手册（变电工程分册）. 北京：中国电力出版社，2007.

［2］国家电网公司基建部组编. 国家电网公司输变电工程标准化施工作业手册（送电工程分册）. 北京：中国电力出版社，2007.

［3］韩崇，吴安官，韩志军. 架空输电线路施工实用手册. 北京：中国电力出版社，2008.

［4］李在卿. 工程建设施工企业质量管理体系实施指南. 北京：中国质检出版社，2008.

［5］国家电网公司基建部. 国家电网公司输变电工程施工工艺示范手册：送变电分册. 北京：中国电力出版社，2006.

［6］国家电网公司基建部. 国家电网公司输变电工程工艺标准库：送电线路工程部分. 北京：中国电力出版社，2010.